从AI模型到智能机器人

基于Python与TensorFlow

高焕堂 ◎著

电子工业出版社
Publishing House of Electronics Industry
北京·BEIJING

图书在版编目（CIP）数据

从 AI 模型到智能机器人：基于 Python 与 TensorFlow / 高焕堂著. —北京：电子工业出版社，
2019.9
ISBN 978-7-121-37011-3

Ⅰ . ①从… Ⅱ . ①高… Ⅲ . ①软件工具－程序设计②人工智能－算法 Ⅳ . ①TP311.561
②TP18

中国版本图书馆 CIP 数据核字（2019）第 132325 号

责任编辑：刘　伟
印　　刷：三河市鑫金马印装有限公司
装　　订：三河市鑫金马印装有限公司
出版发行：电子工业出版社
　　　　　北京市海淀区万寿路 173 信箱　　　邮编：100036
开　　本：720×1000　　1/16　　印张：18.5　　字数：326 千字
版　　次：2019 年 9 月第 1 版
印　　次：2019 年 9 月第 1 次印刷
定　　价：79.00 元

凡所购买电子工业出版社图书有缺损问题，请向购买书店调换。若书店售缺，请与本社发
行部联系，联系及邮购电话：（010）88254888，88258888。
质量投诉请发邮件至 zlts@phei.com.cn，盗版侵权举报请发邮件至 dbqq@phei.com.cn。
本书咨询联系方式：（010）51260888-819，faq@phei.com.cn。

前　　言

随着 AI（Artificial Intelligence，人工智能）技术及应用环境的不断革新，其应用范围也随之扩大。Python 以其独特的兼容性，成为最受欢迎的编程语言之一，同时，也成为众多编程爱好者入门的首选语言。Python 开发者要具备面向对象（Object-Oriented）的思维和 AI 基础，这是非常有必要的。

写作初衷与图书特色

本书由中国台湾（下称台湾）知名的 IT 人士高焕堂先生所著。

高先生在进行 AI 技术培训的过程中，发现很多用户对利用 Python 和 TensorFlow 平台进行 AI 开发并不熟练，这其中包括华为、百度、腾讯（成都）等国内知名科技公司的部分高级设计师和架构师。因此，他在授课答疑后，根据大多数初级、中级用户的学习水平，倾注心血来编写此书，为大多数未能现场听讲的读者普及 AI 技术知识。

本书主要特色如下。

- 理论完备：讲解了从 AI 思维简史到 Python、TensorFlow 平台的开发流程与应用，如利用 Python 编写 AI 机器人进行机器学习训练、利用 TensorFlow 进行更深度的机器学习训练，以及利用神经网络训练模型提高图片识别率等内容，全书内容详尽，理论完备。

- 浅显易懂：以 AI 基础技术理论为框架，以生活中常见的案例和浅显易懂的语言来讲解，在逐一细化程序编写方法的同时，力求可操作性，便于入门读者快速上手。

本书主要内容

第 1～9 章从 OOP+Python 应用出发，由浅入深，循序渐进，帮助用户建立扎实的 AI 软件开发的技术根基。

第 10～12 章以 AI 技术简史为起点，以机器学习为范例，说明如何用 Python 来撰写简单的 AI 模型（如 Perceptron 模型），并通过实际训练，让用户了解机器学习的原理，以及如何使用 Python 程序进行调试。

第 13～15 章以 TensorFlow 平台为例，说明如何利用该平台来设计 NN（神经网络）模型，熟悉其训练及应用过程。

最后，将用户在 TensorFlow 环境下训练好的 AI 模型，移植到 Android 手机、机器人（如华硕 Zenbo）或树莓派（RPi）上，大大提升终端设备的智能性，从而创造更大的商机。希望本书能陪伴你驰骋于 Python 和 TensorFlow 技术领域之中，使你在未来的道路上大展宏图。

作者简介

高焕堂，拥有 40 多年软件设计经验，专注于 AI 和 VR 技术与创客辅导，在 AI、Docker 容器技术、Android 终端平台等领域都有深入的研究。由于其对台湾软件架构设计领域的卓越贡献，曾被誉为"台湾软件架构设计大师"。

现任台湾铭传大学"AI 创新&设计思维"课程的指导教授，大连艺术学院创新创业导师、厦门 VR/AR 协会创业导师兼荣誉会长。

编者

2019 年 8 月

目　　录

第1章

AI 与面向对象 Python

1.1　AI思维简史

从 20 世纪 50 年代开始，许多专家就希望将人类的知识和思维逻辑植入到机器（如计算机）里，让机器像人一样思考。当时就使用符号和逻辑来表示思考（Thinking）和表现出智能（Intelligence）性，人类努力向机器输入符号化的"思想"，并期望机器能够展现出像人一样的思考能力，然而这个期望并没有成功。

后来，专家们另寻他途，转而采用 Rosenblatt 在 1957 年提出的"感知器"（Perceptron）程序，使用重入函数设计的程序"训练"各种逻辑公式，实现初步的机器"学习"，这称为"连结主义"（Connectionism），创建了"神经网络"（Neural Networks）这个名词。这个途径并不是向机器输入符号化的知识和逻辑来让机器展现出像人一样的思考，而是尽量让计算机表现得有智能，但人们并不关心机器是否真的"表现"出思考的逻辑。

AlphaGo 就是这项新途径的代表。2016 年，AlphaGo 在围棋比赛上击败了人类的世界冠军。AlphaGo 的棋艺（智能）是建立在人类已有的经验和知识之上，基于人类大量的历史棋谱，迅速学习和领悟人类的棋艺，从而进行自我训练、不断升级后战胜了人类。到了 2017 年，DeepMind 团队的新一代人工智能AlphaGo Zero，基于不同的学习途径，没有参考人类的经验知识，也没有依赖人类历史棋谱的指导，完全从新开始自我学习，无师自通，其棋艺竟然远远超过 AlphaGo，而且百战百胜，以 100∶0 的佳绩完胜它的前辈 AlphaGo。

1.2　Python语言与AI

Python 是当前非常流行的一种计算机语言，在 AI 科技潮流下，它表现得更加抢眼，因为在 AI 科学领域的许多链接库（Library）、框架（Framework）或平台（Platform）都是以 Python 作为主要语言开发出来的。例如，Google 旗下的 TensorFlow、百度旗下的 Paddle Paddle，其用户接口（UI）层的框架都是用 Python 撰写的。

Python 是解释型（Interpreter）语言，简单易用，其搭配性能高效的 C/C++，从而大幅提升 AI 运算的效率。多年来 Python 积累了非常多优秀的 AI 深度学习的链接库（Library），使得当今大部分 AI 深度学习框架都支持它，这让它成为 AI 时代的主流计算机语言之一。

1.3　布置Python开发环境

如果你电脑中没有安装 Python 软件，需要先安装。目前官网已经推出 Python 3.7.x 版本，但为了确保能与 TensorFlow 软件顺畅整合，本书仍使用稳定版本的 3.6.x。先打开 Python 官网 https://www.python.org/（此处以 Windows 版本为例），如图 1-1 所示。

图 1-1

在该页面上，用户可以查看各个版本的 Python，此处选择 Python 3.6.5 版本下载，如图 1-2 所示。

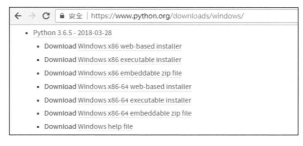

图 1-2

如用户电脑系统为 Windows 32 位，请选择 Windows x86 版本；如是 64 位系统，请选择 Windows x86-64 版本。此处单击"Windows x86-64 executable installer"链接，然后根据提示下载安装程序。下载完成后，双击该安装程序，弹出安装对话框，如图 1-3 所示。

图 1-3

此时，选中"Add Python 3.6 to PATH"复选框，然后单击"Install Now"选项进行安装，如图 1-4 所示。

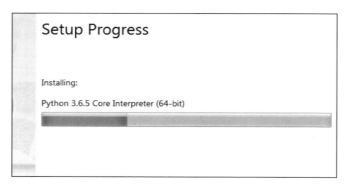

图 1-4

安装成功后，出现如图 1-5 所示的界面。

用户单击 Windows 系统中的"开始>所有程序"，可以看到 Python3.6 文件夹，如图 1-6 所示。

其文件夹下的第 1 个 IDLE（Python 3.6 64-bit）是 Python 的常用开发环境，单击该选项出现如图 1-7 所示的对话框。

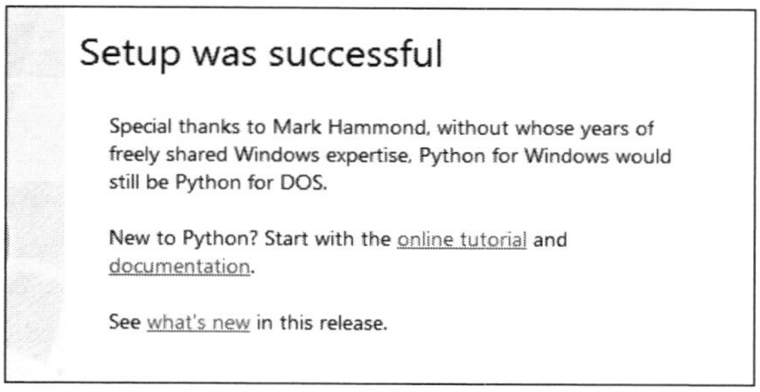

Setup was successful

Special thanks to Mark Hammond, without whose years of freely shared Windows expertise, Python for Windows would still be Python for DOS.

New to Python? Start with the online tutorial and documentation.

See what's new in this release.

图 1-5

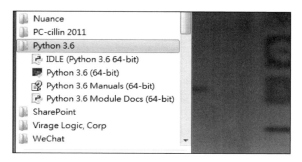

图 1-6

图 1-7

用户即可在其中编写 Python 程序，如图 1-8 所示。

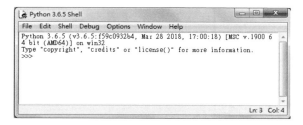

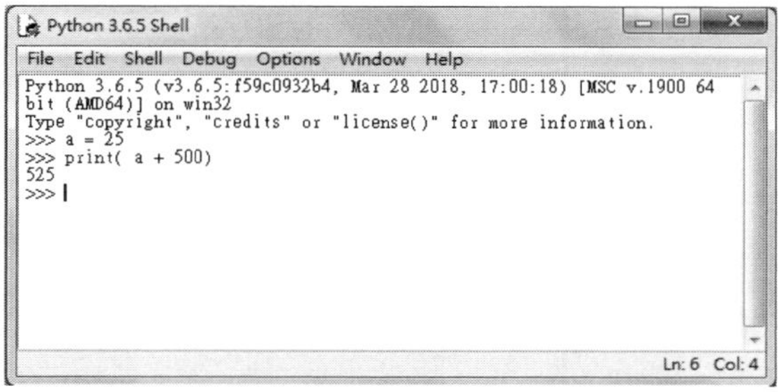

图 1-8

1.4 开始编写Python程序

在已安装好的 Python 解释器中输入命令，如图 1-9 所示。

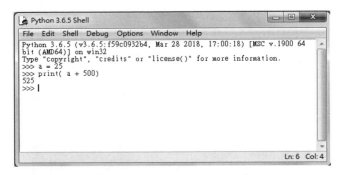

图 1-9

接下来，开始编写程序，首先新建一个文件。选择"File>New File"菜单，如图 1-10 所示。

弹出一个新窗口，如图 1-11 所示。

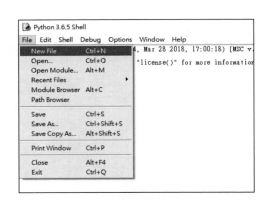

图 1-10

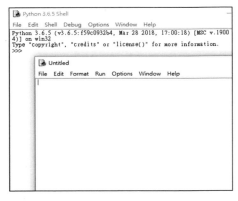

图 1-11

用户可以在这里编写 Python 代码，如输入图 1-12 所示的内容。

其中的"#"代表注释文字，可有可无，下面是两行 Python 命令。接下来，把这段代码保存，选择"File>Save"菜单，如图 1-13 所示。

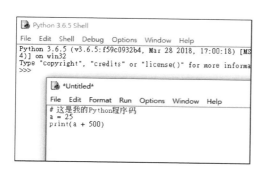

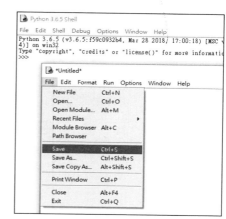

图 1-12　　　　　　　　　　　　　　　　　　图 1-13

用户根据习惯给文件命名保存，如图 1-14 所示。

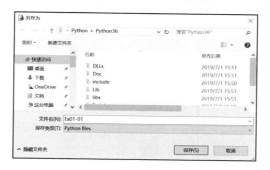

图 1-14

单击"保存"按钮，保存 Ex01-01.py 程序文件。用户可以在保存位置打开该文件，如图 1-15 所示。

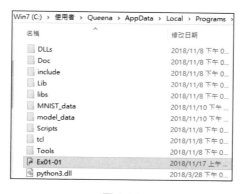

图 1-15

双击该文件运行，并选择"Run>Run Module"菜单，如图 1-16 所示。运行程序后，输出结果为 525，如图 1-17 所示。

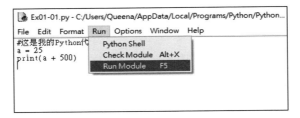

图 1-16

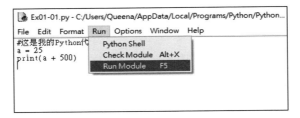

图 1-17

最后，选择"File>Close"菜单关闭窗口，如图 1-18 所示。

图 1-18

当然，用户也可以使用图形化的 IDE 开发工具，如 PyCharm。用户可以到官网下载，如图 1-19 所示。

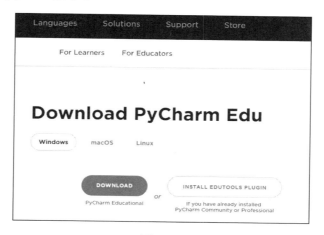

图 1-19

单击"DOWNLOAD"按钮，即可下载安装。安装完成后，编写 Python 代码并运行，如图 1-20 所示。

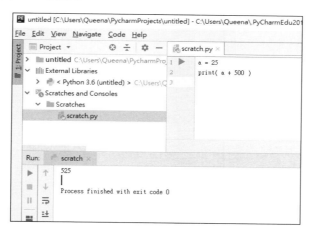

图 1-20

除 PyCharm 外，用户还可以根据需要挑选适合自己的开发环境。

1.5　面向对象（Object-Oriented）入门

1.5.1　对象（Object）

自然界中有各式各样的东西，如阳光、田野、动物等。随着阅历的增长，人们对自然界的东西也认识越多。对个人而言，所认识的东西，都可以称为对象（Object）。如李白心中最清楚的对象是他的诗，每一首诗都是一个对象。人一旦认识某一样东西，一般就能说出其特点，并可以与其他对象进行比较，常见的特点如下：

- 对象的属性（Attribute）。
- 对象的行为（Behavior）。

如玫瑰花的属性是：有刺、红色，代表爱慕等；其行为是：含苞待放、盛开和散发爱意等。鸟儿的属性是：有翅膀、尾巴；其行为是：唱歌、会飞等。

了解一个东西的属性和行为，就表示对该东西有了认识和概念（Concepts）。尽管有些东西并不存在，但只要对其有概念，就是对象，如古代神话中的龙、凤凰、月中白兔、嫦娥等都是我们熟悉的对象。但对于没有听过嫦娥奔月故事的外国人来说，嫦娥并不是对象。

1.5.2　消息（Message）

自然界的对象常互相沟通、交互，才产生多姿多彩的大自然景色。例如，大家熟悉的诗句：

泪眼问花花不语，乱红飞过秋千去。

其对象包括女主角、花和秋千，女主角与花的沟通方式是"问"和"语"，女主角和秋千的交互作用"荡"，花和秋千的交互作用"飞过"，无论"沟通"或"交互作用"都表示它们在互相传递消息（Message）。女主角心中难过，传递消息给花，哪知花儿不知如何回答，此时花儿传回消息给女主角，令女主角更加伤感。

1.5.3　事件（Event）

有些对象的内部状态（State）容易受外来刺激而变化，如上节的女主角因爱人远离而变得伤感，甚至流泪。当对象的状态改变（State Change），就表示某"事件"（Event）发生了。如灯泡里的钨丝烧坏了，于是"灯泡烧掉"事件发生了。一件事件的发生，常引发另一事件的发生。如红绿灯坏了，使十字路口的汽车乱成一团，汽车也更容易互相碰到，甚至会引发一连串的事件。小到细胞的分裂繁殖，大到地球上刮台风，都是大家所熟悉的事件。

台风吹倒大树，大树压到汽车，汽车撞到红绿灯等，这是生活中常见的现象。春节到了，人们排队买火车票，坐火车回家过年，到银行取钱，给晚辈发红包等，这是社会中常见的现象。这一连串的事件，都在互相影响。在"面向对象编程"（Object-Oriented Programming，简称 OOP）观念中，事件所涉及的东西是对象，对象的内部状态变化是事件。像台风、树、汽车、红绿灯都是对象。台风风速及方向的变化是事件，树干禁不起风的吹袭而产生变化是事件，汽车被压而失去控制是事件，红绿灯坏了也是事件。总之，对象内部的变化，产生事件，事件再触发其他对象的变化，引发其他事件往复循环。

事件，即对象内部状态的变化，如何影响别的对象呢？很简单：个体因内部变化而促发对象的特殊行为（Behavior），对象的行为再激发其他对象内部的变化，即触发别的事件影响其他对象。"吹袭"是台风的行为，"倒下"是大树的行为，"失控"是汽车的行为，"不亮了"是红绿灯的行为。风的狂吹，是台风对象的行为，促使大树枝干的断裂；倒下，是树的行为。树的行为"倒下"促使汽车状态变化，产生失控行为，这行为促使红绿灯变化，而导致"不亮"的行为，使得交通混乱。

1.6　软件中的对象（Object）

1.6.1　抽象的目的

牛津词典对"抽象"（Abstraction）的定义如下："人们脑海中对重点与细节的区分行动（The Act of Separating in Thought）。"抽象的主要目的有：

- 掌握重点（Essense），避免被复杂的细节（Detail）所迷惑。例如，准备高考令考生千头万绪，"重点复习"令其事半功倍。
- 求同存异，找出对象之间的共同特性。例如，大象和鲸鱼有区别也有相同之处，若不计较其不相同之处，可发现共同点：活的，因此属于同种类：生物。

1.6.2　抽象表示

软件里的对象是自然界对象的抽象表示（Abstract Representation），即软件内的对象逼真地表达了自然界的实际景象，但也仅表达重要的景象。因此，人们心中构思的软件和眼中所见到的世界是一致的。软件是自然界实景的抽象表示，其能简单明了地帮助人们了解和掌握真实景象。例如，航天中心借助软件仿真与控制宇宙飞船的航行。所以，软件的目的是为真实事物建立抽象模式或模型（Model the Reality）。

1.6.3　数据和函数

软件的对象是由数据（Data）和函数（Function）一起组成的。

```
数据  +  函数  =  软件的对象
```

数据表达自然界对象的属性，函数表达自然界对象的行为。因此，软件的对象能抽象地表达自然界的对象，软件能逼真地表达自然界的真实情景。例如，为了描述"泪眼问花花不语，乱红飞过秋千去"，软件中应该有 3 个对象——女主角、花和秋千，如表 1-1 所示。

表 1-1　软件中的对象和数据、函数关系

对象	数据	函数
女主角	表达女主角的外表属性、内心状态等	表达"流泪"和"问"等行为
花	表达"花名""颜色"等	表达"语"和"飞"等行为
秋千	表达秋千特性	表达"摆荡"的行为

因此，数据描述对象的静态特性：花是红色的；函数表达对象的动态特性：人在流泪、花在飞舞等。

1.6.4　历史的足迹

传统上，数据与函数分而治之。"函数"代表计算机的动作，其动作的目的是"处理"数据，如图 1-21 所示。

其中，a 和 b 是数据；而 b="very"+a 是
一行命令，是数据处理的一个动作。数据是
被动的，函数是主动的。和树叶落了一样，
一片树叶，因到了秋天变黄才随风飘落，是
叶子的状态（内部数据）发生改变，才有"落
下"的行为。因此，数据并不完全是被动的。
若软件想满足人们的生活习惯，符合自然界

图 1-21

的规则，应修正传统的观点，将数据和函数化零为整，合为一体成为如今所说
的"对象"。

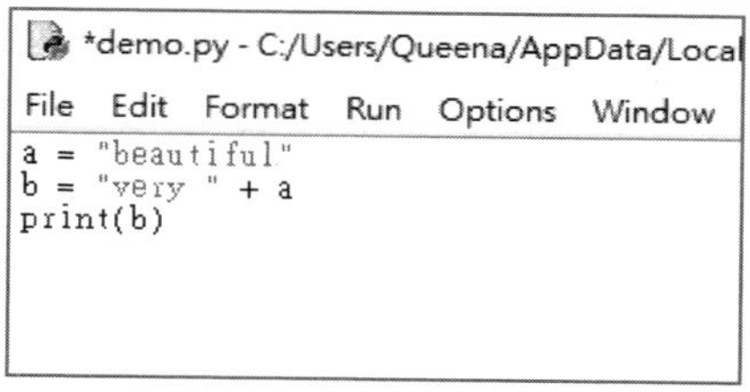

1.7　对象与变量（Variable）

1.7.1　数据类型

数据类型（Data Type）就是数据的种类。Python 有 3 种最常用的基本数据：
字符串、实数和整数。如花有 3 种属性。

- Name："Rose"。
- Price：12.55 元。
- Month：6 个月。

其中，"Rose"是字符串类型的数据、12.55 为实数（又称为浮点数）类型
的数据、6 为整数类型的数据，以 Python 程序表达如图 1-22 所示。

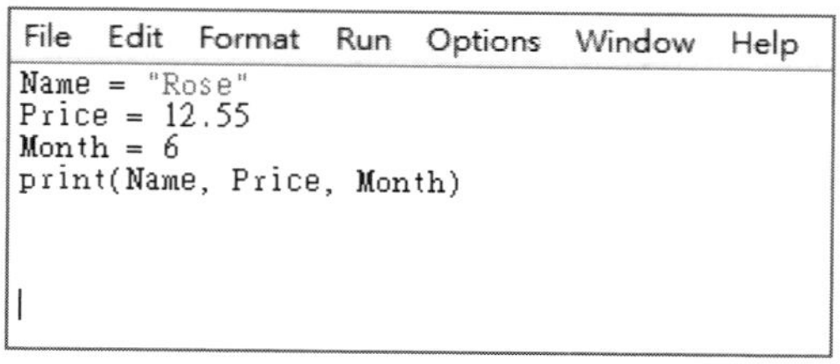

图 1-22

在该程序中，嗅不出"花"的味道。程序中的 Name、Price 及 Month 只是
描述花的特性，而不是完整的花。计算机不认识，也无法接受实体的玫瑰花，
只能接受更小单位的数据。因此，人们在与计算机沟通时，必须化整为零，对

每一种特性分别描述，而这违反了人们自然的"抽象"能力。使得人们心中装满复杂的细节，无法提纲挈领，专注于相应的重点。

人们盼望计算机具有抽象的能力，能欣赏人们送玫瑰花时的心意！现在，OOP 观念已改变了计算机的"个性"，它已能够接受数据的深刻含义了。在 OOP 观念中，上面的 Python 程序表达如下：

```
flower.Name = "Rose"
flower.Price = 12.55
flower.Month = 6
flower.Print
```

该程序有两个特点：

- 创造了新数据类型——"花"。flower 是"花"的变量，就像 Price 是实数（又称浮点数）的变量一样。只是 flower 内含了 3 个小变量——Name、Price 和 Month。同样，也可以创造"树""山""鸟"等新数据类型，来描述自然界对象。"花"内包含 3 项基本数据类型，依此类推，也可创造"公园"数据类型，其内含有"小山""树木""鸟"等数据类型。因此，在 OOP 观念中，用户可以创造数据类型来描述自然界或心中任意所想的对象。
- 提升沟通层次——本质上，用户编写程序时，是在与计算机对话；这儿还可以升级为与 flower 对话。如使用命令：

```
flower.Print
```

常规解释为"请计算机输出 flower 变量的内容"，但在 OOP 观念中，其意义可以提升为："花儿，用户的内容是什么？"计算机像一座现代化的住宅，拥有各种时髦设备，而 flower 是住宅的主人。

1.7.2　变量即对象

在 OOP 观念中，变量就是对象，如图 1-23 所示。

图 1-23

其中 Name 是变量（Variable），内含字符串"Rose"。以传统眼光来看，这个命令的意义为："请计算机将"Rose"字符串存入 Name 变量中。"若以 OOP 眼光来看，其意义为："Name，这个"Rose"字符串给用户。"由原来与计算机的对话，转变为与 Name 对象（即变量）对话，其中的"对话"是：

"这个"Rose"字符串给用户。"

就如同，妈妈对小珠说："这美丽的耳环给你。"我们称这对话的内容为"消息"（Message），表述如下。

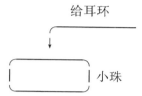

小珠是对象，妈妈将消息——"给耳环"送给小珠对象，小珠收到此信息，欣然同意。同样，上述的 Python 命令，可解释如下：

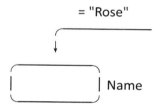

"="与"给"的角色相近，都代表一项行动（要求），即表达外界送消息的目的。""Rose""与"耳环"的角色相近，都代表行动的参数，是外界送来的数据。因此，消息常包含两项成分。

● 行动要求：如"="表达了"存入""给予"或"复制"的动作。

● 参数：如""Rose""表达了传来的数据。

消息的作用：刺激对象，令其改变内部状态。消息的目的：要求对象提供服务。例如，在火车站将钱币投入售票机时，对售票机个体而言，用户的投币或按键都可以认为是消息的到来，消息会改变售票机的内部状态——金额逐渐增加。投足钱币时，售票机提供服务——送出火车票。

同样，小珠接获妈妈的消息时，也有所变化——内心喜悦且耳朵上多了耳环，变得更漂亮。妈妈心中的要求也许是："在宴会中让妈妈有面子。"这是小珠的服务。Name 对象接到消息时，其内部会有所变化——Name 内部的值变为"Rose"；其服务是"保存"Rose"字符串"。

此外，常见的服务：送出消息，如图 1-24 所示。

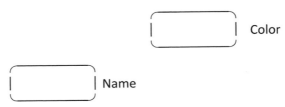

图 1-24

其中，Color 和 Name 两个对象都接到消息，过程如下。

Step 1：Color 和 Name 对象内都是空的。

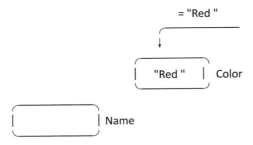

Step 2：Color 接收消息——"="Red""类，其改变了内部状态。

此时 Color 对象的内容为""Red""字符串。

Step 3：Color 对象接收另一个消息——"+"Rose""类，同时送出信息给 Name 对象。

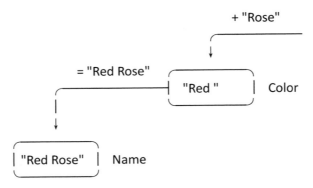

消息——"+"Rose""中的"+"表示动作：要求 Color 对象做下述服务。

● 把 Color 内的字符串"Red"跟参数""Rose""字符串连接起来。

● 接着送出消息"="Red Rose""给 Name。

Name 接到消息时，其内容变为"Red Rose"，如图 1-25 所示。

```
>>>
= RESTART: C:\Users\Queena\AppData\Local\P
Red Rose
>>> |
```

图 1-25

1.8　对象与函数（Function）

1.8.1　函数的角色

传统的程序直接由函数或子程序组成，OOP 软件则将函数纳入对象中，再由对象组成庞大的程序。函数隶属于对象，与对象的数据密切联系在一起。

软件的建造理念和高楼大厦的建造观念一致，函数的角色如下：

● 从对象本身来看，函数表达了对象的动态行为。

● 从整个系统来看，函数支持中层组件——是"对象"的栋梁。

在"泪眼问花花不语，乱红飞过秋千去"的例子中，女主角的行为："流泪"（Cry）及"问"（Ask），花的行为有："语"（Say）和"飞"（Fly），秋千的行为有："摆荡"（Swing）。以对象来组织这些函数如表 1-2 所示。

表 1-2　对象与行为

对象	行为
女主角	Cry（）
	Ask（）
花	Say（）
	Fly（）
秋千	Swing（）

Cry()和 Ask()是"女主角"对象内的函数；Say()和 Fly()是"花"对象内的函数，而 Swing()为"秋千"对象内的函数。

1.8.2　事件驱动观念

常见的程序是主动式，如图 1-26 所示为一个 Python 程序。

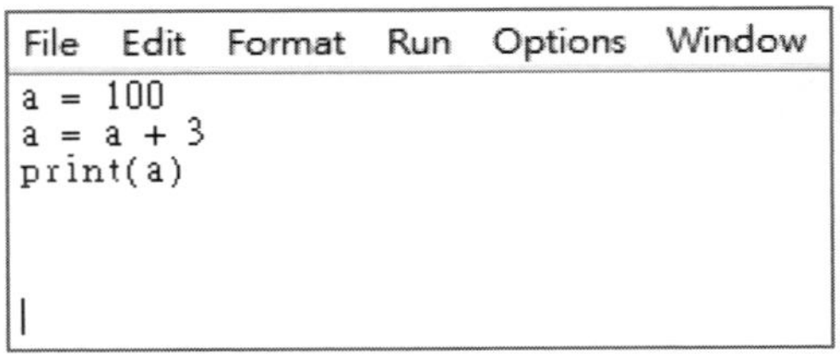

```
File  Edit  Format  Run  Options  Window
a = 100
a = a + 3
print(a)


|
```

图 1-26

在传统观念中，程序员决定程序的运行顺序和过程。而用户（User）只能按照计算机的命令逐步做事，无权左右计算机的运行过程。计算机像主人，用户像客人，"客随主便"，主人安排客人的一切活动，让客人如处异乡，无宾至如归的感觉。

反之，在 OOP 观念中，则采纳"主随客便"方式，创造宾至如归的感觉。

30 多年来，一直居于主流的 Windows 程序就是典型的"事件驱动"（Event-Driven）软件，即是"主随客便"的软件。屏幕上的窗口（Window）就像家中的客房，有各式各样的摆设与茶点，任客挑选。主人（计算机）并不指挥客人应该做些什么，客人口渴可以先喝汽水，饿了可以吃苹果派等，其过程和顺序由客人决定，计算机随时静候，"端"出客人所点的东西。

计算机如何创造友善的环境呢？OOP 是幕后功臣。屏幕上的东西都是对象，当把鼠标（Mouse）的光标（Cursor）移到某对象上单击时，表示做了决定（某事件发生），并通过按键传达消息给该对象，于是对象再启动（调用）其内含的函数做相应的服务。所以，平时函数并不主动指示使用者，而是等待用户传达的消息，其消息常因为外界事件而发生。

上述情形，称为"事件驱动"或"消息驱动"（Message Driven）。所以在 OOP 观念中，函数的任务：运行对象对消息的反应过程，即表达对象的行为。函数处于被动位置，只有收到消息，受外界刺激时，对象才会呼叫函数对消息做出反应。

目前大部分软件是事件驱动的，而写这类软件时，就需要应用 OOP 的观念和方法。

1.9　自然界的分类

1.9.1　分类与抽象

自然界的东西分为许多种类（Class），人们将类似的东西归为一类。所谓类似，就是在重要特性上相同，但不重要的特性有些区别。如"好人"表示拥有善良的心的一群人，不论男、女、老、幼（细节），只要有善良的心（重点）都归为"好人"一类。因此，类就是一个集合（Set），其内的元素（对象）具有共同的重要特性，但细节不同。和类（Class）内的对象一样，重点相同，细节不同。

在生物分类上，有动物、植物之分。狗、猫有共同特性——会到处跑，归入动物类。相思树不会到处跑，其重点与狗、猫不同，所以归入另外一类。至于什么是重点，依个人的兴趣而划分，大部分是一个人的主观看法。例如，生物学家不可能把"竹马"归入"马"这个类别，因为它不是活的；但对艺术欣赏者而言，竹马和真实的马可能同类，因为造型相同。

因此，人们对自然界的东西分门别类时，就在进行"抽象"动作，把东西的重要属性抽离出来进行比较，若相同则归入一类中。分类的目的是让自己更容易认识，以及掌握自然界的事物。例如，当有人告诉大家"阿鸿是坏蛋"时，你立即对阿鸿有些认识，进而小心与他交往；反之如果阿鸿获得好人好事奖，你可能会尊敬他。

1.9.2　对象与类

类是群体（或集合），而对象是类中的一分子。人们常用"一个"来表达对象与类之间的关系。例如：月亮是一个星球、上海是一个美丽的大城市、毕加索是一个画家、张大千是一个画家和贝多芬是一个音乐家等。

所以"月球"是对象，属于"星球"类的一分子。毕加索是对象，艺术家是类，画家同样也是类，其中画家是艺术家群体中的小群体（部分集合）。毕加索和张大千同属于"画家"类，所以具有共同特点——精于美术绘画。

1.9.3 类的体系

同类对象有共同的特性，若利用"抽象"观念进一步将这些共同特性细分为重点与细节，会发现两类之间也有共同特性。例如：画家与音乐家是两个类，画家有两个重点特性：有艺术天分，从事艺术创作；精于绘画。凡是画家都具有这两项共同特性。

音乐家也有两个重点特性：有艺术天分，从事艺术创作；精于音乐。凡是音乐家都具有这两项共同特性。

于是发现画家和音乐家具有一项共同特性——有艺术天分，从事艺术创作。于是人们创造一个新类——艺术家，凡具有这项特性者都可归于此类。此时，人们常用"是一种"来表达这种类之间的关系。例如：

- 画家是一种艺术家。
- 音乐家是一种艺术家。

如图 1-27 所示。

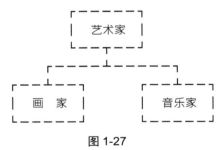

图 1-27

这其中呈现出有趣的现象——凡是画家都为艺术家；凡是音乐家都为艺术家，即凡是"画家"类的对象，必为"艺术家"类的对象；凡是"音乐家"类的对象，必为"艺术家"类的对象。例如，天才郎朗是一个音乐家，他必然是个艺术家。

刚才是忽略掉画家和音乐家不相同的特性，而得到更一般性的类——艺术家。

反过来，人们也常增加一些比较特殊的特性，例如：

- 有艺术天分，从事艺术创作。
- 精于音乐。
- 擅长钢琴。

同时具有这 3 项特性者，称为钢琴家。同样，可增加如下特性：

- 有艺术天分，从事艺术创作。
- 精于音乐。
- 擅长小提琴。

于是发现较特殊的类"小提琴家"，如图 1-30 所示。

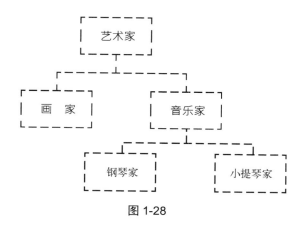

图 1-28

这就构成一个类的体系（Class Hierarchy）。于是，可以这么说，吕思清是一个小提琴家，也是一个音乐家，也是一个艺术家。人们这种习惯的分类与组织方式，是 OOP 的重要方法。

1.10　软件的分类

1.10.1　类是数据类型

大家常说，3 是一个整数，这句话说明 3 是对象，而整数（Integer）是类的意思。若用计算机的术语，就相当于 3 是一项数据，其类型是"整数"。当我们说，Python 提供了字符串、整数及浮点数（即实数）这 3 种数据类型，即 Python 定义了 3 个类——字符串（String）、整数（Integer）及浮点数（Floating Point），各代表一个群体。例如：

- "Beer"是一个字符串："Beer"是字符串类的对象。
- 888 是一个整数：888 是整数类的对象。
- –25.25 是一个浮点数：–25.25 是浮点数类的对象。

在 OOP 语言（如 Python）中，用户能无限地创造新类，并完整地表达自然界的各种对象。此外，在 Python 语言中，数据分为常数（Constant）与变量（Variable），如图 1-29 所示。

```
File  Edit  Format  Run  Options  Window  Help
a = 3.5
b = a + 2.3
print(b)


|
```

图 1-29

其中，3.5、2.3、a 及 b 都是"实数"类对象。3.5 和 2.3 是常数对象，其内容固定不变。a 和 b 是一般对象，其内容可随时变动。

1.10.2　类的用途：描述对象的属性与行为

软件的对象为自然界对象的抽象表示，只表达其重要属性与行为，而忽略细节部分。至于哪些是重要的属性和行为呢？用户在程序中必须加以说明。同类的对象具有共同的重要属性与行为，因此可统一说明个体应表达哪些属性和行为。也就是说，类统一说明了对象应包含哪些"数据"（Data）和哪些"函数"（Function），如图 1-30 所示。

```
File  Edit  Format  Run  Options  Window  Help
a = 3.5 + 5
print(a)

```

图 1-30

Python 已定义的"实数"类，其说明了"实数"的对象都含有+、-、*、/ 等运算（行为），凡实数的对象都能做这些运算。如字符串类，其对象的共同行为不包括 / 、 ^ 运算，所以如图 1-31 所示中的程序是错误的。

```
File  Edit  Format  Run  Options  Window  Help
a = "Beer"
a = a / 3
print(a)

|
```

图 1-31

于是，运行后就输出了错误消息，如图 1-32 所示。

```
>>>
= RESTART: C:\Users\Queena\AppData\Local\Programs\Python\Pyth
Traceback (most recent call last):
  File "C:\Users\Queena\AppData\Local\Programs\Python\Python3
 2, in <module>
    a = a / 3
TypeError: unsupported operand type(s) for /: 'str' and 'int'
>>>
```

图 1-32

"/"运算并非字符串类内对象的共同行为，所以 a 无法接收消息——"/3"类。同理，如果创造了新的类——"花（Flower）"，且其定义如图 1-33 所示。

```
File  Edit  Format  Run  Options  Window  Help
class Flower:
    def __init__ (self, name, age):
        self.name = name
        self.age = age
    def __cry__ (self ):
        pass
    def __say__ (self):
        pass
|
```

图 1-33

这就是"花"类的定义，它说明如下内容。

● "花"类内的对象都具有两项共同属性：name$、age$。

● "花"类的对象都具有两项共同行为：Cry()、Say()。

同类的对象其属性和行为是一致的，所以只需在类定义中统一说明即可，不用逐一说明。于是，能借"花"类来定义对象，如："花　rose"，此时，rose 对象如下所示。

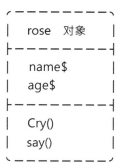

在 20 世纪 90 年代，软件专家发现相应的运行原理，于是在 1991 年发明了 Python 语言。

第 2 章

Python 的对象与类

2.1　OOP入门

花开花谢和枫叶飘零等是自然界对象的常见行为。对象之间进行交互后，形成了多姿多彩的大自然。软件的对象是自然界对象的抽象表示，软件逼真地表达了自然界的实际景象，于是人们心中构思的软件和眼中所见到的世界是一致的。

在现在的 OOP 观念中，软件开发者编写程序时，对象成为开发者脑海里的主角。编程的核心工作在于描述对象、组织对象、安排对象间的沟通（传递消息）方式。就如同"人"是社会中的主要对象，社会是有组织的人群，人们之间会互相沟通、协调一样。

由于软件中的对象观念和实际社会中的对象观念一致，所以 OOP 观念使软件与真实世界间的界限变得模糊，这也是 OOP 观念的重要特点。例如，传统软件的核心观念——函数（Function），在人们的通常印象中，只是数学里的概念而已。而在 OOP 观念中，实际社会的对象，如人、汽车、教室等都是软件设计师脑海中的对象，也是程序中的对象。因此，不论是老板还是程序员，他们脑海中都充满了对象的影子，而这些对象都是人们生活中真实的东西、物体或大家耳熟能详的概念，使得软件的用户和设计者有共同的感觉，这不但提升了用户体验，也让设计师更了解用户的需要。

2.2　对象的概念

当用户着手设计一个系统或程序时，第一个出现在脑海中的问题：对象那么多，哪些跟系统或程序有关呢？例如设计一个销售系统，"顾客"是一个重要对象，产品及订单也是重要对象；而原料的产地及供货商虽然是明显的对象，但不一定与销售系统有关。反过来，若用户所设计的是采购或生产系统，原料、产地及供货商就成为重要对象。在寻找对象的过程中，也会让用户对所要设计的系统有更清晰的认识。

下面介绍寻找对象的实用方法。最常见的是从有关文件着手，在文件里会发现以下线索，进而再找出对象。

（1）人（**People**）——人是系统中的重要角色，通常也是最容易找到的对象。例如公司有 5 位销售员，各负责一个地区的任务，并与该地区的顾客联系。从这段叙述中，就可发现两种对象：销售员及顾客，每一位销售员都是对象；每一个顾客也是对象。

（2）**地点（Sites）**——地点是很容易发现的对象。例如用户从订单上可以看到产品将送达的目的地、顾客的所在地。以旅行社的行程为例，各旅行团在不同的观光地点停留，各观光地点都是对象。

（3）**事物（Things）**——在可摸到或看到的事物中，很容易找到与系统有关的对象，如产品是销售系统及生产系统的明显对象，原料项目是生产及库存系统的重要对象。就旅馆管理系统而言，"房间"是重要对象，"书本"及"杂志"为图书馆或书店管理系统的明显对象。

（4）**事件（Events）**——企业界最常见的事件是"交易"，当事件发生时，我们会去记录发生的时间、金额等。值得注意的是，这些事件是已经发生的，是一项行为或动作，所以在文件中，常常是一个句子的动词。如今天共有 3 种原料已降至安全余量以下，所以共订购 3 种原料，这每一"订购"（Ordering）事件都是对象。就飞机场的控制系统而言，每次飞机"起飞"或"降落"都是重要对象。

（5）**概念（Concepts）**——与企业营运或机构管理有关的"构想"或各种"计划"或其他观念；这些无形但决定企业活动的构想，常常是重要对象。如公司正拟定 3 种广告策略，其中每一个策略就是企业营销系统的重要对象。如公司正通过两种管道与小区居民沟通，管道也是抽象的对象。

（6）**外部系统或设备（External Systems or Devices）**——软件系统会与其他系统交换信息。有时也由外部设备取得数据或把处理结果送往外部设备。这些外部系统或设备也是对象。如库存系统与采购系统会互相沟通，对库存系统而言，采购系统是对象；对采购系统而言，库存系统则为对象。如股票系统直接把数据传送到交易市场的电视显示屏上，对股票系统而言，电视显示屏是对象。

（7）**组织单位（Organization Units）**——企业机构的部门或单位。如在学校管理系统中，教务处及训导处等单位都是对象。

（8）**结构（Structures）**——有些对象会包含其他对象，所以在对象中常能找到其他对象。如在学校的组织单位——教务处里面，含有小对象如注册组及学籍组等。在汽车对象中可找到引擎、轮胎及座椅等对象。在"房屋"对象中，会发现厨房、客厅、沙发等对象。

以上介绍的是常用的寻找对象方法，学会寻找对象后，要将对象分别归类，并了解类与类之间的关系，以便把它们组织起来。如在公司的人事结构中，可发现人因扮演角色的不同而分为不同种类的对象，如销售员、司机、经理等。汽车可分为跑车、公共汽车、旅行车等不同种类的对象。如何分类（Classification），是 OOP 的重要观念。

2.3 对象分类与组合

2.3.1 类的永恒性

俗话说：物以类聚。"物"和"类"说明对象与其所属"类"（Class）的关系，相似的对象常归为一类。如一个人是对象，人类是由个人所构成的类。"狗"这种动物是类，哈巴狗是对象。当用户获知公司有 A、B 两个销售员时，可得知 A、B 两者都为对象；同时，联想到"销售员"（Salesman）是类，而 A、B 都是此类中的对象。

由于类比对象更具有永恒性，在设计软件的过程中，当用户找到对象时，也必须掌握此对象的类，这样软件自然会更具有永恒性，即软件的寿命会更长。在学校里，King 老师会换工作而离开学校，但"老师"类永远存在。因此，对象及其所属的群体——类，都是 OOP 的核心观念。善于利用类来将一群对象归类并组织起来，是面向对象编程的重要技术。在设计软件时，通常先决定有关的类，并且弄清楚类之间的关系。下面介绍两种最常见的类关系："父子关系"和"整体/部分关系"。

2.3.2 将对象分门别类

人们从小就学习将东西分类，如分为"生物"及"无生物"，其中生物又分为"动物"及"植物"等。无论动物、植物或生物都为类（Class）。动物是一类（a kind of）生物，植物也是一类生物。此时，即称动物是生物的子类（Subclass），植物也是生物的子类，而生物是动物及植物的父类（Superclass）。这种父子类关系是软件中组织相关对象的重要方法。如汽车、马车、自行车都为一种车。所以，车是父类，而汽车、马车及自行车都为车的子类。

设计软件时，当用户知道公司今天生产 5 辆公共汽车及 5 辆轿车时，用户已找到 10 个对象了，其中每一辆车都为对象。它们分别属于不同的类——公共汽车及轿车；然而，因公共汽车及轿车都是汽车，所以找到更大的类——汽车。利用父类——汽车把两个子类——公共汽车及轿车组织起来，其关系如图 2-1 所示。

在我们设计的软件中，将包含 3 个类。日常生活中，父子关系是很常见的类关系，通过这种关系，也很容易决定与软件有关的类。如一家公司正在生产 3 类鞋子——网球鞋、篮球鞋及慢跑鞋。此时我们已找到了 3 个种类——网球鞋、篮球鞋及慢跑鞋。由于网球鞋及篮球鞋都为一类球鞋，进而找到父类——球鞋。球鞋及慢跑鞋都为一类鞋子，所以又找到了它们的父类——鞋子。因此，关系如图 2-2 所示。

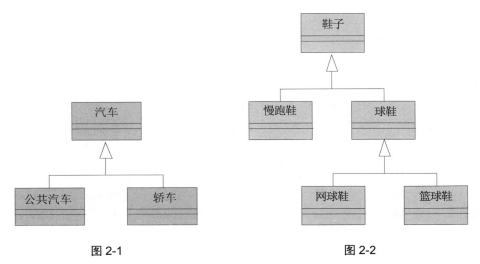

图 2-1   图 2-2

如果为这家公司设计软件，这 5 个类是软件中的重要类，同时这种父子类关系，正是软件用来组织有关对象（鞋子）的好方法。在软件设计者的脑海中，对象的组织方法和一般管理者脑海中的分类方法一致，这能提供软件的适用性，从而，更好地满足用户提高软件的价值。

2.3.3   对象的组合关系

前面说过，对象常包含其他对象，从对象的结构（Structure）中能找到其他对象。如一辆汽车含一个引擎及 4 个轮胎，如图 2-3 所示。

从汽车结构中发现两个类——引擎及轮胎，其类关系如图 2-4 所示。

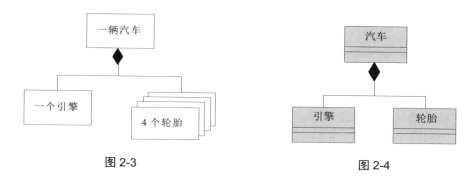

图 2-3　　　　　　　　　　　　　　　　　　　图 2-4

引擎是汽车的一部分，轮胎也是汽车的一部分，所以汽车是"整体"（Whole），而引擎及轮胎是"部分"（Part）。

在实际的产品结构中，常见整体/部分关系。如图书含封面、目录及内容等；计算机含屏幕、键盘、主存储器及磁盘驱动器等。在软件设计时，也常按照这种结构组织类和对象。在程序中，可定义汽车、引擎及轮胎 3 个种类。

需要注意的是，上述关系中，其整体与部分间有共生的密切关系。如一个灯泡破了或烧坏了，通常整个灯泡，包括其内部的灯帽、灯芯、玻璃球都会被丢弃。于是，在软件系统中，这些部分对象（如灯芯）都会随着整体对象（如灯泡）的消失而消失。反过来，司机对汽车而言是不可或缺的，但没有人认为司机是汽车的组件，因为即使一辆汽车报废，司机还存在。然而，司机仍是汽车的一部分，因为在空间上，汽车对象中包含司机对象。因此，汽车与司机之间仍是整体/部分关系，如图 2-5 所示。

下面这种关系也很常见，如笔芯是自动铅笔的一部分，但笔芯并不与铅笔共生共灭。同样，电池是手电筒的一部分，但两种对象并非共生共灭。这种整体/部分的关系，让用户很容易找出相关的对象和类，同时也能利用这种关系把软件中的对象组织起来，如救灾集装箱包括了药品和衣服两个对象，如图 2-6 所示。

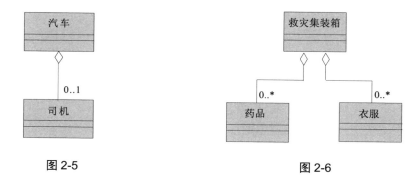

图 2-5　　　　　　　　　　　　　　　　　　　图 2-6

2.4　AKO抽象关系

OOP 的观念很大程度上降低了计算机软件的复杂程度，让人们更容易发展及维护相应的软件。OOP 的两个最基本观念是：类（Class）及对象（Object）。俗话说"物以类聚"，意味着类似的物品常常放在一堆，这一堆就是"类"，而其组成元素就是"对象"。按照传统的程序写法，主要的编程工作在于设计命令、叙述及函数等；在 OOP 的新观念中，写程序的主要工作在于设计类。即设计各式各样的类后，就能使用类的对象，从而产生有价值的信息。

如对于树林中的树，想记录其 3 种属性（Attribute）——品种（Variety）、年龄（Age）及高度（Height），就定义 Tree 类，其程序代码如下。

\#

#Ex02-01

```
class Tree:
def __init__ (self, v, a, h):
    self.variety = v
    self.age = a
    self.height = h
pass
```

这儿告诉计算机，对一棵树，将记录 3 种属性：品种、年龄及高度。如有一棵树，其属性如下。

- 品种：peach。
- 年龄：8 年。
- 高度：2.1 米。

这是树林中的一棵树，在计算机的 Tree 类中，就必须有一个"对象"和它对应并存储它的属性。至于如何产生 Tree 的对象呢？其命令如下：

```
x = Tree("peach", 8, 2.1)
```

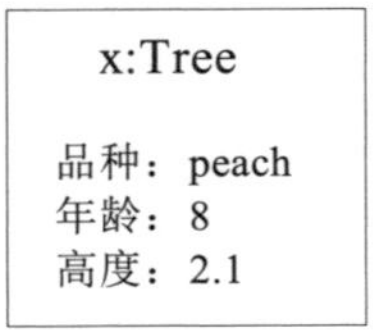

```
x:Tree

品种：peach
年龄：8
高度：2.1
```

图 2-7

此时计算机就创建对象 x。对象 x 能存储此树的数据，如图 2-7 所示。

如果用户想记录另外一棵树的数据，可再定义 Tree 类的对象，程序代码如下。

#*Ex02-02*

```
class Tree:
    def __init__ (self, v, a, h):
        self.variety = v
        self.age = a
        self.height = h
    pass


#-------------------------------
x = Tree("Rose", 2, 3.5)
print(x.variety, x.age, x.height)
```

对象 y 就存储此树的数据，并输出到屏幕上，如图 2-8 所示。

这是 OOP 的基本观念。类的设计常常决定了软件的生命和价值，好的设计会让软件的生命周期变得更长。此处还要做一项重要工作：分类（Classification），即寻找"子类"（Subclass）。如上述树林中的树可分为两类：果树与竹子，即"树"类可分为两个子类："果树"与"竹子"，如图 2-9 所示。

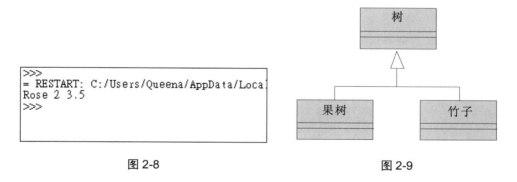

图 2-8　　　　　　　　　　　　　　　图 2-9

此为实物上的类关系。程序中的类关系必须和实物上的情况相呼应，程序中的类定义格式如下。

- class **Tree**：
  - ➢ 品种。
  - ➢ 年龄。
  - ➢ 高度。
- class FruitTree（Tree）：

➢ 成熟月份。

➢ 价格。

● class Bamboo（Tree）：

➢ 用途。

其 FruitTree 及 Bamboo 是 Tree 的子类；即 Tree 是 FruitTree 及 Bamboo 的父类。在程序中，关系表示如下。

#Ex02-03

```
class Tree:
    def __init__ (self, v, a, h):
        self.variety = v
        self.age = a
        self.height = h
    pass

class FruitTree(Tree):
    def __init__ (self, v, a, h, m, p):
        self.variety = v
        self.age = a
        self.height = h
        self.month = m
        self.price = p
    pass

class Bamboo(Tree):
    def __init__ (self, v, a, h, u):
        self.variety = v
        self.age = a
        self.height = h
        self.usage = u
    pass
```

FruitTree 类中含有两项新属性——"成熟月份"及"价格"，这等于告诉计算机：对于果树，必须多存储两项数据。这两项数据是果树才有的，竹子就没有。Bamboo 类中含有一项新属性，这等于告诉计算机：对于竹子，必须多

存储一项数据——"用途"。这是竹子才有的数据，果树没有。如有一棵果树，
其数据如下。

- 品种：peach。
- 年龄：8 年。
- 高度：2.1 米。
- 成熟月份：3 月。
- 价格：20 元。

在计算机中，必须定义 FruitTree 类的对象来存储这些数据。想产生此对象，
程序代码如下。

#Ex02-04

```
class Tree:
    def __init__ (self, v, a, h):
        self.variety = v
        self.age = a
        self.height = h
    pass


class FruitTree(Tree):
    def __init__ (self, v, a, h, m, p):
        self.variety = v
        self.age = a
        self.height = h
        self.month = m
        self.price = p
    pass

x = FruitTree("peach", 8, 2.1, 3, 20)
print(x.variety, x.age, x.height, x.month, x.price)
```

此程序的运行结果如图 2-10 所示。

此时计算机就产生一个 FruitTree 类的对象，名称为 a，它包含 5 项数据，
如图 2-11 所示。

```
>>>
 RESTART: C:\Users\Queena\AppData\Local\Programs\Py
peach 8 2.1 3 20
>>> |
```

图 2-10

a:FruitTree

品种：peach
年龄：8
高度：2.1
成熟月份：3
价格：20

图 2-11

其中包含了 Tree 类的 3 项数据以及 FruitTree 类专有的 2 项数据。因为 Tree 为 FruitTree 的父类，所以 FruitTree"继承"（Inherit）了其父类 Tree 的 3 个属性，如图 2-12 所示。

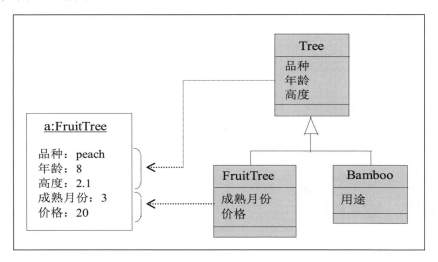

图 2-12

同理，如果有一棵竹子，其数据为：

● 品种：green。

● 年龄：2 年。

● 高度：10.0 米。

● 用途：chopstick。

在计算机中，必须定义 Bamboo 类的对象来存储这些数据，如图 2-13 所示。

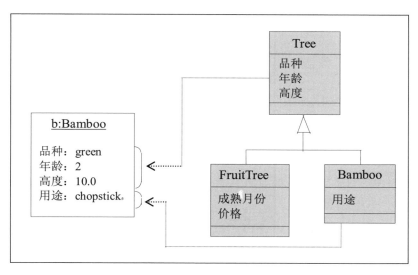

图 2-13

想产生此对象，程序可写为：

```
b = Bamboo("green", 2, 10.0, "chopstick")
```

此时，计算机就创建一个 Bamboo 类的对象 b。它可存储 4 项数据，如图 2-14 所示。

其继承 Tree 类的 3 个属性，Python 代码如下。

b:Bamboo
品种：green 年龄：2 高度：10.0 用途：chopstick

图 2-14

#Ex02-05

```
class Tree:
  def __init__ (self, v, a, h):
    self.variety = v
    self.age = a
    self.height = h
  pass


class Bamboo(Tree):
  def __init__ (self, v, a, h, u):
    self.variety = v
```

```
        self.age = a
        self.height = h
        self.usage = u
    pass


b = Bamboo("green", 2, 10.0, "chopstick")
print(b.variety, b.age, b.height, b.usage)
```

此程序输出如图 2-15 所示。

```
>>>
 RESTART: C:/Users/Queena/AppData/Local/F
green 2 10.0 chopstick
>>>
```

图 2-15

父类 Tree 内的数据为子类——FruitTree 和 Bamboo 都具有的共同属性，此为 OOP 类设计的基本原则。

2.5　对象行为与接口

2.5.1　接口入门

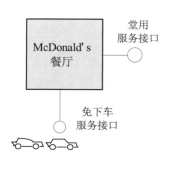

图 2-16

前面已介绍过，我们可以对一个类、对象或系统做多种行为观点的抽象。如将电器中获取的电源行为抽象出来，取名叫"插头"。将桌子提供电源的各种行为抽象出来，取名叫"插座"等。这种为特定顾客群体取得服务的窗口，通称为"接口"（Interface）。如 McDonald（麦当劳）的服务接口如图 2-16 所示。

接口是系统整合的基础，所以精致的行为抽象方法可以得到好的接口。

2.5.2　消息传递与对象行为

　　树林中的树会长高或变矮（遇台风等），计算机中存储这些数据的对象必须随之改变，即对象内的数据会改变。果树的果实售价改变，Fruit tree 类的对象也要改变；这种对象内数据的变化是对象的"行为"（Behavior）。对象的基本行为包括如下几种。

　　（1）把数据送入对象并存储起来。

　　（2）改变对象内的数据。

　　（3）拿对象数据做运算。

　　（4）从对象中输出数据。

　　如 30 千克 peach 的总金额是多少？可用对象 a 内的价格数据进行运算，如图 2-17 所示。

　　我们的目的是要用对象 a 中的价格（20 元/kg）和重量（30kg）相乘，进而算出其金额（600 元）。但在 OOP 观念中，则必须将其解释为——把 30kg 送进对象 a，在对象内部做乘法运算，然后把总金额 600（元）送出来。其中，600（元）是对象 a 接收外界的"消息"（Message）后做出的反应，它的反应过程（乘法运算）在对象 a 内部完成。就如同一个电灯泡，当电流通过灯泡，灯泡会发光。

　　这是人们日常生活中的经验，如计算机软件像灯泡一样一点就亮，可能会有更多的人喜欢它。当你到火车站买车票时，只需把钱投入自动售票机中，经过一些处理后，就会出现车票出来的现象，如图 2-18 所示。

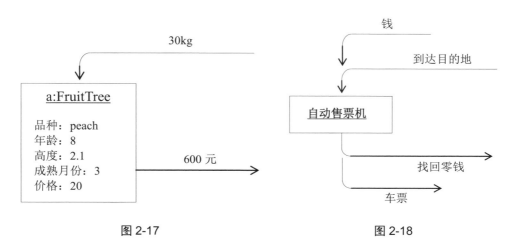

图 2-17　　　　　　　　　　　　　　　　　图 2-18

上述的实物对象（如自动售票机）接到消息后，经过内部工作后输出结果。同样，程序内的对象接到消息时，其内部也对数据进行运算，并输出运算结果。如想知道 peach 树的高度是多少？可将此消息送进对象 a 中，它会输出此树的高度，如图 2-19 所示。

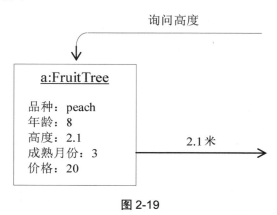

图 2-19

对象对消息产生反应，但并非对任何消息都产生反应。如灯泡只会对电流有反应——发光，自动售票机必须投入钱才会有反应——送出票。

当我们使用灯泡或自动售票机时，能轻易学会其使用方法——知道输入什么消息，也很清楚它们的反应。同样，在 OOP 程序中，你也能轻易学会对象的使用方法——知道输入什么消息，及了解其反应。所以，使用程序内的对象，就像使用灯泡一样简单、方便。

换个角度来说，如果用户是自动售票机的设计人，就必须负责设计自动售票机内的处理过程（反应过程），并使输入消息更简单，而反应更清楚。同理，如果用户是对象的设计师，就得负责设计对象内的运算过程（对消息的反应过程）。

2.5.3　对象的运算行为

如果用户是手表的设计人，则需把电池放入手表中提供电力。此时，用户既使用现成的对象——电池，也创造新对象——手表。同样，编写计算机程序时，用户经常既是对象的使用人，也是对象的设计人。因此，利用已有对象去创造其他对象，是 OOP 程序员的工作。设计手表时，用户心里清楚新手表有什么功能，如何设定时间、表示时间（指针或数字）等。也就是说，用户一定对这手表将呈现的"行为"有很清晰的定义。其行为包括两个方面。

（1）它接收何种"消息"？如按键时间。

（2）对消息将会有何反应？如显示时间或日期等。

在周围世界中，各物体都有其固定的行为，所以我们能轻易地掌握它。如手机，只有拨号后才能拨打电话。

设计程序中的对象时，也得设计它的"行为"，决定它接收何种消息，并且对消息产生什么反应。然而因为用户是设计者，所以必须担任相应的工作——设计对象内部的运作，使它对消息产生正确的反应，就像用户组织手表内部的零件、手机内部的结构一样。这是对象设计者的主要工作，其目的是让用户有个好用且易于掌握的对象！

在 OOP 时代前，人们心中的主角是"函数"或"子程序"。到了 OOP 时代，就得把函数放入对象中，让对象有所行为，即对消息产生反应。当用户对所设计的对象的行为有清晰的构想后，就自然知道应将哪些函数放入对象中，如同手表设计者按照手表的功能决定应该用哪些零件一样。用户去购买现成的零件，并创造新零件，然后选择适当的电池，接下来将这些零件组织于手表内。编写程序时，用户使用既有的函数，并创造新函数，然后将这些函数和对象按一定规则放到新对象中。

如何使用这些函数？又如何运用现有的对象？现在，回到 Tree 类案例。上一节里，已经创建对象 a，如图 2-20 所示。

接下来，设计一个函数叫 computeAmount(weight)，用来计算总金额。如果把这个函数加入对象 a 中，那么对象 a 就有如下反应，如图 2-21 所示。

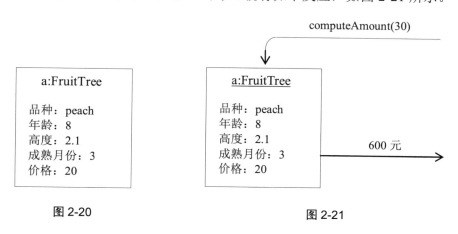

图 2-20　　　　　　　　　　　　　　　　图 2-21

这如同设计灯泡者将钨丝及稀有气体按规则放入其中，灯泡才能发光。至于灯泡的使用人，则不必为灯泡内部的结构及运作过程费脑筋。把材料和反应的过程"封装"于灯泡内，用户只需把电流（消息）传入灯泡（对象）中，它就发光（反应）。

编写程序时，用户把函数放入对象中，用对象内的数据做运算，并且输出结果。由于函数存在对象内，而数据的运算在函数内，所以，运算的过程（即反应的过程）就被"封装"在对象里面。

如果计算机软件由对象组织而成，人们就会觉得软件简单又好用。就像灯泡可装在车子上，也可装在房子内，一起构成更大的对象（车子、房子都是对象）。这种编程的理念，即前面所说的"面向对象编程"。

假设用户已把 computeAmount(weight) 及 inquireHeight() 两个函数加入对象 a 中，就可把消息送给对象 a，命令可写为：

```
a.computeAmount(30)
```

说明如下。

把消息 computeAmount(30) 送给对象 a。此时对象 a 内部的 computeAmount() 函数就会进行运算（把 30 和 20 相乘），并且输出总金额 600 元。用户可输入另一个消息，命令如图 2-22 所示。

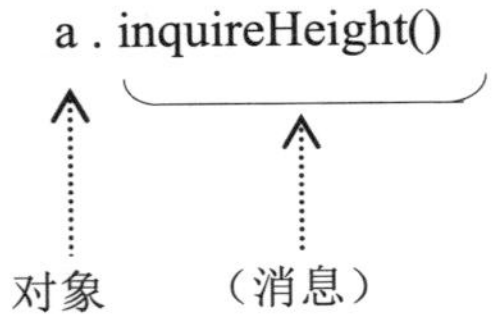

a . inquireHeight()

对象　　（消息）

图 2-22

此时，对象 a 内的 inquireHeight() 函数进行运算（读取高度 2.1）并输出该树的高度，即 2.1 米。下面请动手练习，将上述的 FruitTree 案例，写成 Python 程序，代码如下。

#Ex02-06

```python
class Tree:
    def __init__(self, v, a, h):
        self.variety = v
        self.age = a
        self.height = h
    pass


class FruitTree(Tree):
    def __init__(self, v, a, h, m, p):
        self.variety = v
        self.age = a
```

```
        self.height = h
        self.month = m
        self.price = p
    def computeAmount(self, weight):
        return weight * self.price
    pass
    def inquireHeight(self):
        return self.height
    pass

a = FruitTree("peach", 8, 2.1, 3, 20)
k = FruitTree("Apple", 5, 0.5, 7, 10)

amount = a.computeAmount(25)
height = a.inquireHeight()
print(amount, height)

amount = k.computeAmount(25)
height = k.inquireHeight()
print(amount, height)
```

此程序的输出结果如图 2-23 所示。

```
>>>
 RESTART: C:/Users/Queena/AppData/Local/Progra
500 2.1
250 0.5
>>>
```

图 2-23

因 FruitTree 类含有 computeAmount()及 inquireHeight()两个函数，所以对象 a 及 k 都能接收这两种消息并处理。对于其他消息，因无函数支持（处理），FruitTree 的对象无法接收。用户可继续把新函数加入 FruitTree 类中，使其对象拥有更丰富的行为，即接收多样化的消息。

此程序中，对象 a 首先接到一个消息 computeAmount(25)，对象 a 启动其内部的 computeAmount()函数，此函数就用 25 和对象中的价格 20 相乘；函数计算完毕得到 500；对象 a 将其输出，如图 2-24 所示。

计算机将 500 存入 amount 变量中，则 amount 的值是 500。接下来，对象 a 又接到另一个消息——inquireHeight()，对象 a 启动其内部的 inquireHeight() 函数，此函数就读取对象内的"高度"——2.1；且把 2.1 输出，如图 2-25 所示。

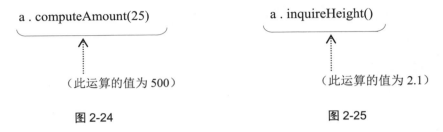

a . computeAmount(25)　　　　　　a . inquireHeight()

（此运算的值为 500）　　　　　　（此运算的值为 2.1）

图 2-24　　　　　　　　　　图 2-25

计算机将 2.1 存入 height 变量中，则 height 的值为 2.1。最后，计算机把 amount 及 height 变量的值显示在屏幕上。因 a 及 k 是同类对象，所以对同一种消息的反应过程一样；但由于对象内部的数据不同，其反应结果也不同。

对于消息 computeAmount(25)而言，对象 a 会启动 computeAmount()函数处理它；而对象 k 也启动 computeAmount()处理它，其处理过程相同。用户可认为各对象共享 computeAmount() 函数，也可以认为每个对象内都有一个

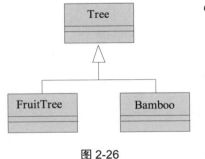

图 2-26

computeAmount()函数，以便处理这种消息。

综上所述，现在用户必须了解如下重点。

（1）如何表明用户所设计的类，以及类之间的父子关系。

例如，类关系如图 2-26 所示。

在程序里，从上层类开始，依照由上而下的顺序逐一把各类叙述清楚。各类所属的数据项（变量），也说明清楚。

（2）把函数加入类中，以支持对象的行为，使对象能接收消息、进行运算并输出结果。

如 FruitTree 加入 4 个函数，使得 FruitTree 类的对象能接收并处理 4 种消息，如图 2-27 所示。

为了让对象能接收并处理消息，必须把适当的函数加入类中，因此类内含有两种重要成分：（1）数据项；（2）函数。

我们称数据项为类的"数据成员"；并称函数为类的"成员函数"。如 FruitTree 类含两个数据成员：（1）成熟月份；（2）价格。

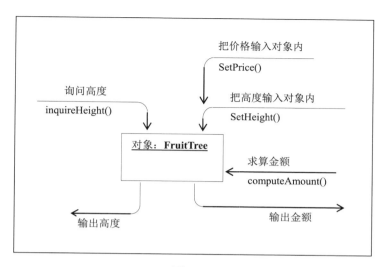

图 2-27

写成 Python 程序，代码如下。

#Ex02-07

```python
class Tree:
    def __init__ (self, v, a, h):
        self.variety = v
        self.age = a
        self.height = h
#-------------------------------------------------
class FruitTree(Tree):
    def __init__ (self, v, a, h, m, p):
        self.variety = v
        self.age = a
        self.height = h
        self.month = m
        self.price = p
    def computeAmount(self, weight):
        return weight * self.price
    def inquireHeight(self):
        return self.height
    def SetHeight(self, h):
        self.height = h
```

```
    def SetPrice(self, p):
        self.price = p
#-------------------------------------------------

a = FruitTree("peach", 8, 2.1, 3, 20)
a.SetPrice(30)
a.SetHeight(2.6)

amount = a.computeAmount(25)
height = a.inquireHeight()
print(amount, height)
```

此程序输出如图 2-28 所示的结果。

```
>>>
 RESTART: C:/Users/Queena/AppData/Local/Progra
750 2.6
>>>
```

图 2-28

FruitTree 类包含 4 个成员函数，分别如下。

- computeAmount()。
- inquireHeight()。
- SetPrice()。
- SetHeight()。

（3）如何产生对象。

如果用户把类视为一种数据类型，理解起来就非常简单。要想创建两个 FruitTree 类的对象，命令如下：

```
    a = FruitTree("peach",8,2.1,3,20)
```

能以两种方法了解上述的命令：

- 把 FruitTree 视为类，则 a 就是对象；则此命令就定义一个"对象"。
- 把 FruitTtree 视为一种数据类型，则 a 就是 FruitTree 类型的变量，则此命令定义一个"变量"。

（4）对象中含有哪些数据。

类的父子关系，决定了对象的"继承"关系，也决定对象中所含有的数据项。如 FruitTree 是 Tree 的"子类"，则 FruitTree 类的对象继承 Tree 类内的数据项。命令如下：

```
a = FruitTree("peach", 8, 2.1, 3, 20)
```

该命令产生对象 a，它含有 FruitTree 类内的"数据成员"，也含有 Tree 类内的"数据成员"，如图 2-29 所示。

（5）如何把消息送给对象。

消息与对象的关系如图 2-30 所示。

程序的写法如图 2-31 所示。

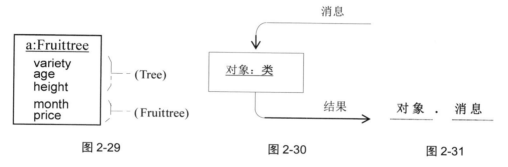

图 2-29　　　　　　　　　　　图 2-30　　　　　　　　　图 2-31

例如命令：

```
a.SetPrice(30)
a.SetHeight(2.6)
```

当计算机运行这两个命令后，即对象 a 接收到这两个消息，则 a 的内容会有变化；对象内部的变化也是一种行为，是对象对消息的反应。此时 a 对象里的 height 值为 2.6，price 值为 30.0。

第 3 章

3

善 用 类

3.1　如何描述对象：善用类

类是群体（或集合），而对象是类中的一分子。例如："月球"是对象，属于"星球"类的一分子。

软件中的对象通常会描述自然界的对象，但只表达了其重要属性与行为，而忽略了细节部分。至于哪些是重要属性和行为呢？软件程序中必须加以说明。如前面所说，同类的对象具有共同的重要属性与行为，因此可由类统一说明对象应该表达哪些属性和行为。

类是一群具有共同重要特性的对象。类的定义就是说明这群对象具有什么重要特性，特性包括对象的属性及行为，软件中的对象用数据来表达属性，用函数来表达行为。定义类时，应考虑如下问题。

1. 我们想描述哪些对象

如想描述手中的一朵花，而此花是一朵玫瑰花，则可得知手上的花是对象，而玫瑰花是类。为了描述手上的玫瑰花，就得定义一个类：Rose。

2. 对象有哪些重要属性

如果想描述它的价格，也想描述其最适合做哪几个月份的生日花；则可知 Rose 类应包含两项重要数据——Price 和 Month。

3. 对象有哪些重要行为

上述 Rose 的属性——Month，并非是自然界中玫瑰花与生俱来的，而是人们对其所赋予的含义，所以对象并非单纯地描述自然界的天然特性，也包括人们赋予的抽象含义。同样，软件中的对象除描述自然界对象的行为外，也会描述人们所赋予的特殊行为。例如，自然界有石头、水牛和太阳，则软件中也可以用石头、水牛和太阳对象来描述，但软件中的石头会点头、水牛会弹琴、太阳会撒娇等，即所谓的"对象拟人化"。软件程序员在创造对象时，可把对象想象为无比聪明的。例如，Rose 的对象，可能具有如下多种行为：散发浪漫的情意、说出它代表人的心意、说出它的价钱、正在盛开或凋谢、飞过秋千去等。

因此，赋予人性后，Rose 的对象比实际玫瑰花更加浪漫。假设我们认为 Rose 的重要行为是说出它的颜色；则 Rose 类应增加一个函数——Say()。

3.2　如何创建软件对象

类的目的是创造新数据类型。为描述自然界的事物，必须有各式各样的数据类型，才能充分贴切地表达自然界的静态与动态的美。Python 提供多种基本数据类型，用来表达人类社会或大自然的景象，但实际还不够。如果善加运用 Python 的"类"概念，就能很容易地解决这个问题。它让程序员可以定义与创造自己的数据类型来描述心中所想、眼睛所看的任何自然景象。

Python 里提供的整数、浮点数、字符串等常被称为"基本数据类型"；通过类创造出来的数据类型称为"抽象数据类型"。"抽象"意味着：类只描述自然事物的重要属性和行为，而忽略不重要的细节。于是，形成不成文的规则。

- 由基本数据类型所定义的变量，称为变量。
- 由抽象数据类型（即类）所定义的变量，称为对象。

例如：定义类如下。

```
class Rose:
    pass
```

Rose 就是我们新创建的数据类型，用来创建对象，以描述自然界的玫瑰花。于是可创建对象如下：

```
rose = Rose()
```

以上命令就创建一个 Rose 类的对象，然后将此对象的参考值存入 rose 变量。对象就如同变量，其在内存中也占用空间，用来存储数据，如图 3-1 所示。

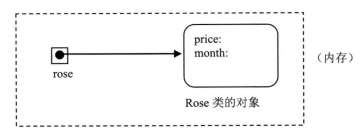

图 3-1

Python 代码如下。

#Ex03-01

```
class Rose:
price = 10.25
month = 10


def say(self):
    print("Color is RED")
#----------------------------------
rose = Rose()
rose.say()
```

此程序的运行结果如图 3-2 所示。

此时 Rose 类的对象都具有一项共同行为——说出其颜色。在软件中，靠 say() 来表达这项行为。命令如下：

```
rose.say()
```

说明如下：将消息——say()传送给 Rose 的对象。其含义为："请问你是什么颜色？"如图 3-3 所示。

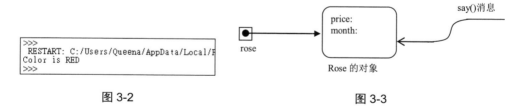

<table>
<tr><td>图 3-2</td><td>图 3-3</td></tr>
</table>

当此对象接到消息——say()时，便启动其内含的 say() 函数，并运行 say() 函数内的命令。这个 say() 函数支持一项重要行为：Rose 的对象能输出自己的内容。如果对其他行为有兴趣，可继续增加 Rose 类的函数，使其对象多样化。

3.3 对象参考

函数之间常通过引数（Argument）来相互传递数据。引数的类型除常见的整数、浮点数、字符串等基本数据类型外，也可以是类数据类型。也就是说，我们能够将对象传递给函数，这就是"对象参考引数"（Object Reference Argument），简称为"参考引数"（Reference Argument）。在 Python 中，除基本数据类型外，所有的对象都以传送参考值的方式来进行数据的传递，这就是俗称的"参考调用"（Call by Reference）方法。程序代码如下。

#Ex03-02

```
class Rose:
price = 0
month = 0

def __init__(self, p, m):
    self.price = p
    self.month = m
def get_month(self):
    return self.month
#-----------------------------------

def display(x):
    print("Month:", x.get_month())
    pass

r1 = Rose(10.25, 10)
r2 = Rose(8.5, 6)

display(r1)
display(r2)
```

此程序的输出结果如图 3-4 所示。

```
>>>
 RESTART: C:/Users/Queena/AppData/Local/Programs/P
Month: 10
Month: 6
>>>
```

图 3-4

我们称 r1、r2 为 Rose 类型的"对象参考"，也可以直接称 r1、r2 为"对象"。Python 的主程序部分把 r1 及 r2 对象参考值分别传给 display()函数。由于 r1 及 r2 是 Rose 类型的参考，所以 display()函数也接受相同类型的变量。所以

x 也是 Rose 类型的参考，刚好可接收主程序传递来的对象参考。命令如下：

```
display(r1)
```

它把对象 r1 的参考值传给参考引数 x，于是 x 和 r1 都参考 r1 对象，如图 3-5 所示。

上面的"它把对象 r1 的参考值传给参考引数 x"，也可以说为"它把对象 r1 传给引数 x，也把 r2 传给引数 x"。但用户必须明白，所传递的只是对象的参考，而非对象的内容。因为对象的内容通常含有一些数据，如果有些数据是数组，此对象将占用很大的空间；而且产生对象和复制数据，也会影响程序的运行速度。所以 Python 对于"传递对象"的处理，实际上是采用"传递对象的参考值"的方式。这样能省去复制对象内容的时间，提高程序的运行效率。

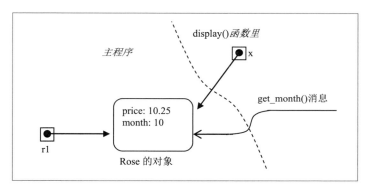

图 3-5

以上介绍如何通过"参考传递法"把对象传递给函数，以增进程序的运行速度；也许用户会联想到函数如何将对象传回给主程序。这与对象的传递有着相同的考虑与做法；在传回对象时也可能因对象的内容太多而导致数据复制浪费时间；若能传回对象的参考值，即可事半功倍。

由于对象也是变量，传回对象也就如同传回一般变量，非常简单；函数可利用 return 指令把对象的参考值传回给主程序，程序代码如下。

#Ex03-03

```
class Rose:
price = 0
month = 0
```

```
    def __init__(self, p, m):
        self.price = p
        self.month = m
    def get_month(self):
        return self.month
    pass

def create_object():
    r = Rose(8.28, 3)
    return r
    pass

rose = create_object()
print("Month:", rose.get_month())
```

此程序的输出结果如图 3-6 所示。

```
>>>
 RESTART: C:/Users/Queena/AppData/Local/Program
Month: 3
>>>
```

图 3-6

由 create_object()创建 Rose 的对象，并让 r 指向该对象；然后 r 把参考变量内的参考值传回来给主程序里的变量 rose。于是，r 与 rose 参考同一个对象。

3.4　构造函数

编写程序时，设计类是一件重要工作，因为必须通过类来创建对象。创建新对象时，会传回新对象的"参考值"。将此参考值存储在所定义的参考变量（Reference Variable）里，未来可按照此值循线把消息传给该对象。一般的程序语言（如 C++、Java 等），其常见指令的格式如下：

> 参考变量　＝　类名称(初期值)

产生新对象后，"＝"运算把新对象的参考值存入参考变量里，于是此变量代表这个新对象。在创建对象时，有个隐藏对象依照类的定义产生新对象，此隐藏对象就是"构造"（Constructor）函数，或称为"初始化"（Initialization）函数。其主要功能如下。

（1）依照类的定义分配内存空间给所创建的对象。

（2）设定新对象的初始值（Object Initialization）。

利用 Python 创建构造函数，其格式如下：

```
class 类名称：

    pass
    def __init__ (self, 初期值参数)
```

案例代码如下所示。

#Ex03-04

```
class Rose:
price = 0
month = 0

def __init__(self, p, m):
    self.price = p
    self.month = m
def get_month(self):
    return self.month
pass

rose = Rose(8.28, 3)
print("Month:", rose.get_month())
```

此程序的输出结果如图 3-7 所示。

```
>>>
 RESTART: C:/Users/Queena/AppData/Local/Progran
Month: 3
>>>
```

图 3-7

再看如下命令：

```
rose = Rose(8.28, 3)
```

其调用＿＿init＿＿()构造函数做如下工作。

Step 1，在内存中创建对象。

Step 2，用数值 p（即 8.28）和 m（即 3）分别来设定 price 和 month 的初始值。

Step 3，返回此对象的参考值。

3.5　子类如何创建对象

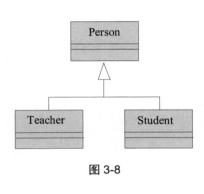

图 3-8

前面说明如何对众多对象进行分类，从而形成一个类的继承体系。例如对学校人员加以分门别类，而得出类继承体系，如图 3-8 所示。

若 A 类"继承"B 类，则称 A 为"子类"，称 B 为"父类"，亦即 B 为 A 的父类，A 为 B 的子类。也许用户觉得"继承"概念比较陌生，不知用什么方法才能看出类间的继承关系。这里有个简单方法：下列两种叙述的意义相同：

（1）A 为 B 的子类。

（2）A 为 B 的一种特殊种类。

所以，从图 3-8 可知，Teacher 类"继承"Person 类，也即 Teacher 是 Person 的子类；Teacher 和 Student 都是 Person 的一种特殊种类。

对软件开发者来说，除了能熟练地将对象分门别类，还必须学习如何将分门别类得到的类继承体系，顺利地通过 Python 语言表达出来，成为软件系统的重要部分。软件程序的表达过程如下：

Step-1，定义父类，代码如下：

```
class Person:

  pass
```

Step-2，定义子类，代码如下：

```
class Teacher( Person ):

    pass
class Student( Person ):

  pass
```

这段代码表达了 Teacher 和 Student 均为 Person 子类的意思。现在，我们已经知道如何表达继承关系，那么，子类从父类继承什么呢？类包含"数据"及"函数"。因此，子类继承父类的数据及函数。以下程序定义了 Person 类，其含有两项数据及 3 个函数。

#Ex03-05

```python
class Person:
    def __init__(self, na, a):
        self.name = na
        self.age = a
    def birth_year(self):
        return 2019 - self.age
    def display(self):
        print("Name:", self.name, "B.Year:", self.birth_year())
    pass

class Teacher(Person):
    def __init__(self, na, a, s):
        super().__init__(na, a)
        self.salary = s

    def print(self):
        self.display()
        print("Salary:", self.salary)
pass

tr = Teacher("Steven:", 20, 35000)
tr.print()
pass
```

此程序的输出结果如图 3-9 所示。

```
>>>
 RESTART: C:/Users/Queena/AppData/Local/Program
Name: Steven: B.Year: 1999
Salary: 35000
```

图 3-9

　　所谓继承数据，是继承数据项，而不是继承数据的值，需要注意。类定义数据项，对象创建后，对象内才有数据值，所以"类继承"即继承类的定义，不是继承对象的值。也就是说，若父类（如 Person 类）定义了 name 及 age 两个数据项，则子类（如 Teacher 类）天生就拥有此两项数据，所以子类不需要再定义它们。所谓继承函数，表示子类天生就拥有父类定义的函数，说明如下。

● Person 的子类天生承袭 name 和 age 两项数据定义。

● Person 的子类天生承袭 birth_year() 和 display() 两个函数。

　　于是在 Teacher 类的构造函数__init__()里，可以调用 Person 父类的构造函数__init__()。现在，这个 Teacher 类含有 3 个数据项。

● Name：从 Person 类继承而来。

● Age：从 Person 类继承而来。

● Salary：自定义。

　　此外，也含有 3 个成员函数。

● birth_year()：从 Person 继承而来。

● display()：从 Person 继承而来。

● print()：自定义。

　　Teacher 的__init__()能调用父类的__init__()设定 name 及 age 的数据值；之后，Teacher 的__init__()用于自己设定 salary 的值。同理，print()也能直接调用display()显示 name 及 age 的内容；之后，print()自己输出 salary 的值。也许用户会问：子类自己定义的函数，是否能与父类的函数同名呢？答案是肯定的，而且很常见。例如，下面案例与上述程序相同。

#Ex03-06

```python
class Person:
def __init__(self, na, a):
    self.name = na
    self.age = a
def birth_year(self):
    return 2019 - self.age
def display(self):
    print("Name:", self.name, "B.Year:", self.birth_year())
pass
```

```
class Teacher(Person):
    def __init__(self, na, a, s):
        super().__init__(na, a)
        self.salary = s
    def display(self):
        super().display()
        print("Salary:", self.salary)
pass

tr = Teacher("Steven:", 20, 35000)
tr.display()
pass
```

此程序的输出结果如图 3-10 所示。

```
>>>
 RESTART: C:/Users/Queena/AppData/Local/Programs.
Name: Steven: B.Year: 1999
Salary: 35000
```

图 3-10

在这种情况下，Teacher 类拥有两个 display()函数，一个由 Person 继承而来，一个是自定义的。此时，计算机如何分辨它们呢？使用 super()函数即可。在 Teacher 类的__init__()构造函数里的命令：

```
super().__init__(na, a)
```

这一行命令表示调用父类的构造函数。在 display()函数里的命令：

```
super().display()
```

这一行命令表示调用父类的 display()函数。

第 4 章

对象的组合

4.1　认识 self 参考

类的函数各含一个 self 参考创建，它永远参考"目前对象"（Current Object），目前对象就是正在接收并处理消息的对象。程序代码如下。

#Ex04-01

```
class Fee:
    def __init__(self, amt):
        self.amount = amt
    def disp(self):
        print("Amount is:", self.amount)
#-----------------------
a = Fee(100)
b = Fee(80)
a.disp()
b.disp()
```

此程序的输出结果如图 4-1 所示。

```
>>>
 RESTART: C:/Users/Queena/AppData/Local/Progra
Amount is: 100
Amount is: 80
>>>
```

图 4-1

程序里的 a 和 b 是 Fee 类的对象。计算机运行如下命令：

```
a.disp()
```

此处的 a 就是目前对象，disp() 函数里的 self 参考的对象 a，如图 4-2 所示。

需要注意的是：self 参考的对象 a，也就是 self 与 a 都参考同一个对象。当计算机运行另一命令：

```
b.disp()
```

则 b 是目前对象，而 disp() 函数的 self 参考的对象 b，关系如图 4-3 所示。

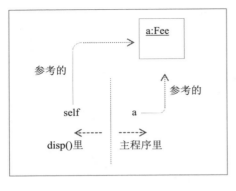

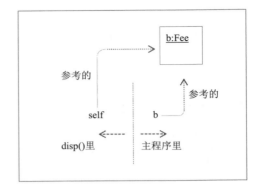

图 4-2   图 4-3

由于 self 正参考的对象 b，所以 self 与 b 参考的是同一个对象。

4.2　建立对象的包含关系

对象的包含关系就是表达整体/部分之间的关系。在日常生活中，到处可看到这种包含关系（即整体/部分关系）。例如：灯泡含有灯芯、灯帽及玻璃球；图书含有封面、目录及内容等"部分"。

请注意：上述关系，其整体与部分之间是共生共灭的密切关系。例如：一个灯泡破了或者烧坏了，通常整个灯泡，包括其内部的灯帽、灯芯、玻璃球一齐都被丢弃。所以，在软件系统中，这些部分对象（如灯芯）都会随着整体对象（灯泡）消失而一起消失。也就是说，在整体/部分的组合中，若部分一旦离开了整体，则整体也将不存在。例如，"双亲家庭"整体中的"父""母"是不可或缺的，否则"双亲家庭"整体就不存在了。这种共生共灭的密切关系，称为组合（Composite）关系。它也是限制较严格的一种包含关系，其限制了"部分"只能隶属于唯一的"整体"，即整体具有"拥有权"（Ownership），同时"部分"与"整体"具有一样的寿命，如轮子与脚踏车，如图 4-4 所示。

下面再来看看，限制不严格的包含关系。其"部分"可参与两个以上的"整体"。例如，一位兼职员工可任职于多个公司。这种关系很常见，如司机是汽车的一部分，但司机并不与汽车共生共灭。这种关系，称为聚合（Aggregation）关系，如图 4-5 所示。

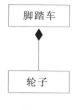

图 4-4

图 4-5

前面介绍过 Python 的对象参考和特别的 self 对象参考概念。我们可以把某一个对象参考或 self 参考值传递给另一个对象,从而建立对象之间的组合。例如,如图 4-6 所示的 Container 对象可以参考的 Desk 对象,通过此参考而使用 Desk 对象的接口,引发它的行为,享受它的服务。

从前面章节学习的经验中,用户可以轻易地动手将如图4-6所示的内容用Python程序实现,代码如下。

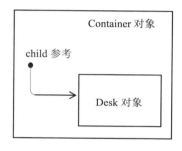

图 4-6

#Ex04-02

```python
    class Container:
    child = None
    rSize = 0

    def setter(self, d_ref):
        self.child = d_ref
        self.rSize = self.child.getSize() * 2.5
    def getSize(self):
        return self.rSize
#-------------------------------
class Desk:
    dSize = 0
    def __init__(self):
        self.dSize = 12.5
    def getSize(self):
        return self.dSize
#-------------------------------
aDesk = Desk()
```

```
aContainer = Container()
aContainer.setter(aDesk)
print("Container.size:", aContainer.getSize())
```

此程序的输出结果如图 4-7 所示。

```
>>>
 RESTART: C:/Users/Queena/AppData/Local/P
Container.size: 31.25
>>>
```

图 4-7

首先创建一个 aDesk 和 aContainer 对象，运行如下命令：

```
aContainer.setter(aDesk)
```

此命令让 aContainer 对象里的 child 参考的 aDesk 物件，然后运行如下命令：

```
self.rSize = self.child.getSize() * 2.5
```

经由 child 来调用 Desk 类的 getSize()，取得 aDesk 的大小，然后计算出 aContainer 的大小。运行如下命令：

```
print("Container.size:", aContainer.getSize())
```

就可以得出 aContainer 的大小。

在本章里，将进一步说明如何建立两个对象之间的双向参考关系，一旦有了双向参考，就能将两个对象做更为紧密的整合，如图 4-8 所示。

如图 4-8 所示的内容可以演变为如图 4-9 所示的内容。

如图 4-9 所示的内容，可以通过 Python 程序实现，代码如下。

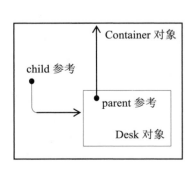

图 4-8

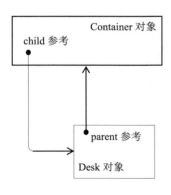

图 4-9

#Ex04-03

```
class Container:
    child = None
    rSize = 0

    def setter(self, d_ref):
        self.child = d_ref
        self.rSize = 31.25
        self.child.setter(self)
    def getSize(self):
        return self.rSize
#------------------------------------------------

class Desk:
    parent = None
    dSize = 0

    def setter(self, c_ref):
        self.parent = c_ref
        self.dSize = self.parent.getSize() / 2.5
    def getSize(self):
        return self.dSize
#------------------------------------------------

aDesk = Desk()
aContainer = Container()
aContainer.setter(aDesk)
print("Desk.size:", aDesk.getSize())
```

此程序的输出结果如图 4-10 所示。

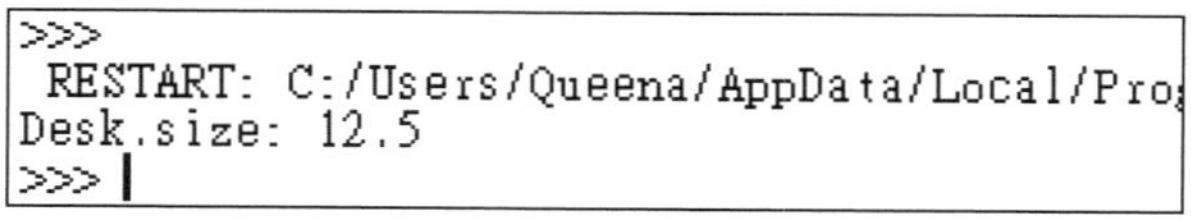

```
>>>
 RESTART: C:/Users/Queena/AppData/Local/Pro
Desk.size: 12.5
>>>
```

图 4-10

其中，有个重要的概念就是：self 参考值，代码如下。

```
def setter(self, d_ref):

    self.child = d_ref

    self.rSize = 31.25

    self.child.setter(self)
```

下面详细介绍如何活用 self 参考值，来建立紧密结合的对象，从而为大型系统整合建立优良的基础。

4.3 self 参考值的妙用

在应用上，函数常通过传回的 self 参考值，创造出奇妙的效果，这种效果也是 Python 的重要特色。希望用户能仔细了解 self 指标的使用场合，它能让用户写出完美的 Python 程序。下面，介绍一个熟悉的程序，代码如下。

#Ex04-04

```
class Money:
    def __init__(self, amt):
        self.balance = amt
    def add(self, saving):
        self.balance += saving
    def Display(self):
        print("Balance is:", self.balance)
#-----------------------------------------
orange = Money(100)
orange.add(300)
orange.add(80)
orange.Display()
```

此程序的输出结果如图 4-11 所示。

```
>>>
 RESTART: C:/Users/Queena/AppData/Local/Prog
Balance is: 480
>>>
```

图 4-11

Money 类的 balance 数据，用来记录存款余额。主程序内的对象 orange 接收两个消息——add(300)及 add(80)，想存入两项金额，如图 4-12 所示。

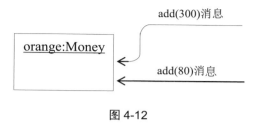

图 4-12

命令如下：

```
orange.add(300)

    orange.add(80)
```

这两行命令表示先存入 300 元再存入 80 元，并有先后次序。表达结果如图 4-13 所示。

图 4-13

可以发现，这次的图形更具有次序感。所以，上述命令可以用如图 4-14 所示的形式展示。

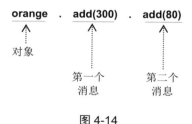

图 4-14

对于这样的效果，很多人应该不会陌生。有点像以前上小学时，班长喊："起立、敬礼、坐下"，是不是连续接收了 3 个消息？你看，我们已能设计出像日常生活这般亲切的对象了。俗话说："万丈高楼平地起"，我们还必须对 self 参考有充分了解，程序代码如下。

#Ex04-05

```
class Money:
    def __init__(self, amt):
        self.balance = amt
    def add(self, saving):
        self.balance += saving
        return self
    def Display(self):
        print("Balance is:", self.balance)
#----------------------------------------------
orange = Money(100)
orange.add(300).add(80)
orange.Display()
```

此程序的输出结果如图 4-15 所示。

```
>>>
 RESTART: C:/Users/Queena/AppData/Local/Prog
Balance is: 480
>>>
```

图 4-15

由于 self 永远参考目前对象，所以此刻 self 正参考对象 orange。此时，orange 对象就是 self 所指的对象，也可以说 self 与 orange 都参考同一个对象。命令如下：

```
return self
```

传回目前对象的参考值——orange 对象的参考。例如，add()把目前对象的参考值 self 传回。此刻，orange.add(300)的值也是参考值，与 orange 参考同一个对象。于是，原来的命令——orange.add(300).add(80)就相当于——orange.add(80)。

orange.add(300).add(80)

（相当于 orange）

图 4-16

不过，此时 orange 对象的 balance 变量值为 400 元，而非原来的 100 元。此 orange 再接收消息——add(80)，则 balance 值增加为 480 元，orange 接收第 2 条消息——add(80)时，计算机再运行 add()函数，其再度传回 orange 的参考值，使得整个命令如图 4-16 所示。

这又成为 orange 的别名。因此，也能把 Display()消息放于其后，代码如下。

#Ex04-06

```
class Money:
def __init__(self, amt):
    self.balance = amt
def add(self, saving):
    self.balance += saving
    return self
def Display(self):
    print("Balance is:", self.balance)
#------------------------------------------
orange = Money(100)
orange.add(300).add(80).Display()
```

此程序的输出结果如图 4-17 所示。

```
>>>
 RESTART: C:/Users/Queena/AppData/Local/Prog
Balance is: 480
>>>
```

图 4-17

该 orange 对象接到第 1 条消息——add(300)，计算机就运行 add()函数，运行到命令的结尾，传回 self（即 orange 对象的）参考值。此时 orange.add(300)就是 orange 对象的参考值，亦即 orange.add()是 orange 物件的别名；则 orange 和 orange.add(300)重合在一起，代表同一个对象，也即原来的 orange 对象，如图 4-18 所示。

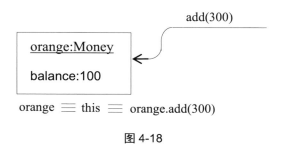

图 4-18

接下来，第 2 条消息——add(80)传给 orange.add(300)，相当于传给 orange 对象。再度运行到 add()里的 return self 命令时，又令 orange.add(300).add(80)

成为 orange.add(300)的别名，即 orange 的别名；于是，这三者代表同一个对象——原来的 orange 对象，如图 4-19 所示。

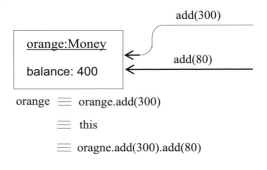

图 4-19

接下来，第 3 条消息——Display 传给 orange.add(300).add(80)，相当于传给 orange 对象，如图 4-20 所示。

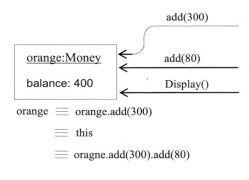

图 4-20

于是输出 orange 对象内的 balance 值。

以函数传回 self 参考值的这种技巧能应用于许多方面。为了解这种方法，请看一个特殊情形——函数传回新对象的参考值。此对象不是目前对象，但内容从目前对象复制而来。这不同于传回 self 参考值的情形，两种用法常被人搞混。现在，修改程序如下。

#Ex04-07

```
class Money:
def __init__(self, amt):
    self.balance = amt
```

```
    def add(self, saving):
        newObj = Money(self.balance + saving)
        return newObj


    def Display(self):
        print("Balance is:", self.balance)
#-------------------------------------------------

orange = Money(100)
orange.add(300).add(80).Display()
```

此程序的输出结果如图 4-21 所示。

```
>>>
 RESTART: C:/Users/Queena/AppData/Local/Prog
Balance is: 480
>>>
```

图 4-21

当 orange 对象接到第 1 条消息——add(300)，计算机就运行 add()函数，创建一个 Money 类的新对象，把目前对象内容（即 orange 对象的值）复制一份给主程序，这就是 orange.add(300)的值，如图 4-22 所示。

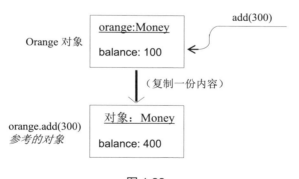

图 4-22

orange.add(300)即是复制回来的那个对象，并非原来的 orange 对象。当消息——add(80)传给 orange.add(300)所代表的对象时，计算机就运行 add()函数，此时目前对象是 orange.add(300)而非原来的 orange。运行时，又把目前对象——orange.add(300)内容复制一份给新创建的对象，传回给主程序，就是

orange.add(300).add(80)的值，如图 4-23 所示。

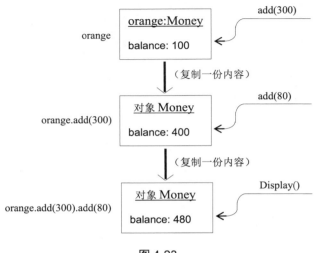

图 4-23

由于每次运行 add()都产生一个新对象（虽然内容相同，但占用不同的内存空间），其后的消息都传给 add()所创建的新对象，而非原来的 orange 对象，所以不影响原来 orange 对象的内容。请注意：Display()并未传回对象的参考值，则 Display()接收消息之后就不能再接收其他消息了，因为 Display()不传回对象的参考值，命令说明如图 4-24 所示。

图 4-24

其后的消息——add（80）是错误的。如何改正？很简单，只需通过 Display()函数传回 self（目前对象的参考值）或新对象的参考值即可，程序如下。

#Ex04-08

```
class Money:
def __init__(self, amt):
    self.balance = amt


def add(self, saving):
    newObj = Money(self.balance + saving)
    return newObj
```

```
    def Display(self):
        print("Balance is:", self.balance)
        return self;
#-------------------------------------------------

orange = Money(100)
orange.Display().add(300).Display().add(80).Display()
```

此程序的输出结果如图 4-25 所示。

```
>>>
 RESTART: C:/Users/Queena/AppData/Local/Progra
Balance is: 100
Balance is: 400
Balance is: 480
>>>
>>>
```

图 4-25

此程序中，orange 先接收 Display()消息，显示出存款额；再接收 add(300)消息，使存款额提高 300 元；然后再接收 Display()消息，依次进行。Display()传回目前对象 orange 的参考值，add()则传回新创建对象的参考值。

4.4　包容多样化物件

上一节里，使用 Python 的 self 对象参考值，建立 Container 与其内部对象的沟通。接下来，介绍如何设计能包容多样化对象的 Container，如图 4-26 所示。

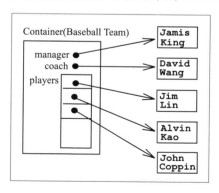

图 4-26

这表示一支球队，可用一个 Container 对象来包含不同角色的职务，如教练、经理、球员等，如图 4-27 所示。

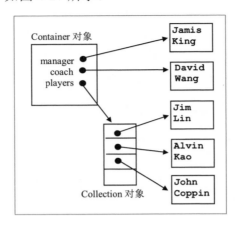

图 4-27

这个独立出来的对象通称为"集合对象"（Collection），再看一个例子，如图 4-28 所示。

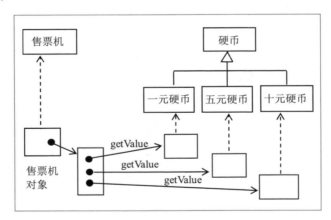

图 4-28　集合对象包容不同类型的对象

实际生活中，一台售票机可以包容许多不同类型的硬币。在软件里，可以设计售票机对象（即 Container 对象），它先包容一个集合对象，再通过该对象去包容一群多样化的物体。

接下来详细介绍如何活用集合对象，建立能容纳多样化对象的 Container 对象，为整合大型系统奠定优良的基础。

4.5　集合对象

在软件中，常见的数组（Array），包含一群有次序的数据项。只是数组内的数据项，其类型必须一致，是一元化的集合体。

例如：整数数组 x[10]，就表示 x[0]、x[1]、…、x[9]均为整数类型，即此数组只能包容同一类型的数据，不能容纳多种类型的数据或对象。为了包容不同类型的数据或对象，需要多元且可伸展的集合对象（Collection Object）。Python 提供了各式各样的集合类（Collection Class），可用来创建集合对象。

例如 Array、Dictionary 等类，其用途就是将相关的对象集合起来，并表达对象之间的关系，使得计算机软件更易于掌握对象间的复杂关系。例如：一支棒球队，含各种不同的角色，像经理、教练及球员等各有各的职责。由于属于同一支球队，所以他们之间是息息相关的。

因此，可以通过一般数组来表达上述的棒球队，使用 Python 程序编写如下。

#Ex04-09

```python
class Person:
    pname = None
    def getName(self):
        return self.pname;
    def setName(self, value):
        self.pname = value
#-------------------------------------------
class Baseball_team:
    manager = None
    coach = None
    players = []

    def __init__(self):
        self.manager = Person()
        self.coach = Person()
        self.idx = 0

    def setManager(self, m):
```

```
        self.manager.setName(m)

    def setCoach(self, c):
        self.coach.setName(c)

    def addPlayer(self, name):
        p = Person()
        p.setName(name)
        self.players.append(p)
        self.idx += 1

    def display(self):
        print("Manager: ", self.manager.getName())
        print("Coach: ", self.coach.getName())
        print("")
        print("Players: ")
        for i in range(0, self.idx , 1):
            print("   ", self.players[i].getName())
#-----------------------------------------------------

RedSock = Baseball_team()
RedSock.setManager("James Lin");
RedSock.setCoach("David Wang");
RedSock.addPlayer("Jim Lin");
RedSock.addPlayer("Alvin Kao");
RedSock.addPlayer("John Coppin");
RedSock.display();
```

此程序的输出结果如图 4-29 所示。

```
>>>
 RESTART: C:\Users\Queena\AppData\Local\Progr
Manager:  James Lin
Coach:  David Wang

Players:
    Jim Lin
    Alvin Kao
    John Coppin
>>>
>>>
```

图 4-29

　　球队对象就如同鸟巢，而队员对象就如同鸟蛋一般，鸟巢中包含一堆鸟蛋，而同样球队（物件）内含一群球员（物件），所以球队就跟鸟巢一样，都是集合类。

　　Baseball_team 类定义了 players[]数据数组，可以存放对象的参考，来参考到成群的 Person 对象，即 Baseball_team 类的每个对象都含有一个 players[]数组，准备参考成群的 Person 物件。而且 Baseball_team 类的对象内各含有一个索引变量——idx，作为 players[]的标注（又称下标），命令如下：

```
players[idx]
```

　　这样就可以从 players 集合对象里取出某个特定对象参考值。通过对象参考，把消息传送给所参考的 Person 对象。例如 display()里的命令：

```
print("  ", self.players[i].getName())
```

　　如果 i 值为 1，则 players[i]就相当于 players[1]，即第 1 个参考值，也就是说上述命令把 getName 消息传给 players[1]所参考的对象，如图 4-30 所示。

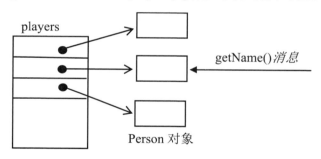

图 4-30　集合对象

　　在此程序里，RedSock 是 Baseball_team 类的对象，代表"红袜队"，目前队中有一位经理、一位教练及 3 位球员。Players[]的角色就像书包里的铅笔盒，铅笔盒用来装一堆铅笔。一旦了解了铅笔盒的角色和功能，我们就能轻易地体会集合对象的用途。

第 5 章

5

类的封装性

5.1　对象的封装性

俗话说，科学家从乱中找序，而设计师（艺术家）在规划序中有乱。无论是"乱中有序"还是"序中有乱"，两者都首先要有顺序（Order），并包容变化（Change），只不过手段不同而已。两种手段都能带来巨大的经济价值，精通这两种手艺，是软件系统开发的成功关键。

只要我们能创造出"能包容变化"的东西（如货柜），呈现出次序（即一致的行为），就能很"容易"（Easy）地掌握一切。

在软件里，我们也希望每一个对象都能"容易"使用，所以在编写 Python 程序时，就必须创造能"容易"使用的类，以便创建容易使用的对象。

在 OOP 里，这种适应变化（Accommodate Change）的特性，通称为"封装性"（Encapsulation）。当对象把复杂变化封装起来，就会呈现出简单的次序，也就是接口。擅用对象封装性，才能设计出方便使用的接口，系统整合就会变得非常容易。本章讲解 OOP 里的"封装性"概念，为用户建立扎实的 Python 编程技术基础。

5.2　类：创造对象的封装性

类（Class）的任务是把数据和函数组织并封装起来。类告诉计算机："其对象应含有哪些数据、应含有哪些函数并处理外界传来的消息。"类必须详细地说明它的数据及函数，我们称此数据是类的"数据成员"（Data Member）；而称此函数是类的"成员函数"（Function Member）。有关类内容的叙述，即类定义（Class Definition），格式如图 5-1 所示。

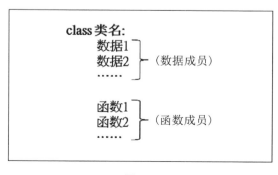

图 5-1

类的主要用途是定义对象。案例代码如下。

#Ex05-01

```
class Tree:
 pass


#------------------------
a = Tree()
print("Object a Is Created.")
```

此程序的输出结果如图 5-2 所示。

```
>>>
 RESTART: C:/Users/Queena/AppData/Local/Pro
Object a Is Created.
>>>
>>>
```

图 5-2

此程序定义了 Tree 类，它没有数据也没有函数，是一个"空白"的类。当计算机运行如下命令时：

```
a = Tree()
```

它就创建一个物体 a。然而，此 Tree 类没有函数，所以对象 a 无法接收外来的消息。此时，加入成员函数，使 Tree 类包含有函数，其对象就有能力处理消息。如下例所示，代码如下。

#Ex05-02

```
class Tree:
 def input(self, hei):
     self.variety = None
     self.age = None
     self.height = hei


#------------------------
a = Tree()
a.input(2.1)
print("Set a.height to ", a.height)
```

此程序的输出结果如图 5-3 所示。

```
>>>
 RESTART: C:/Users/Queena/AppData/Local/Programs
Set a.height to 2.1
>>>
>>>
```

图 5-3

现在，Tree 类已拥有成员函数 input()。成员函数的写法与一般函数相同，只是它只定义于类内，成为类的专属函数。此刻，对象 a 含有 3 项数据及 1 个函数，如图 5-4 所示。

计算机运行命令：

```
a.input(2.1)
```

该命令将消息 input(2.1)传给对象 a，此时计算机调用并运行对象 a 内的 input()函数。对象 a 内的 input()就是定义于 Tree 类内的 input()；于是就把参数（即 2.1）传给 input()内的 hei 参数。接下来，运行命令：

```
self.height = hei
```

把 hei 变量值存入对象 a 的数据成员 height 中，如图 5-5 所示。

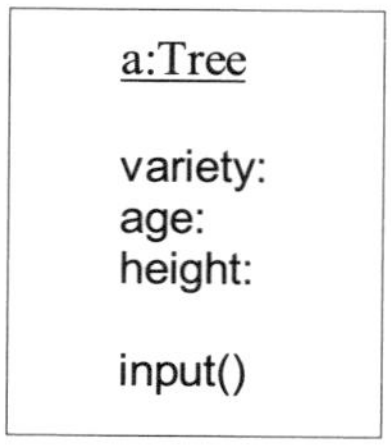

```
a:Tree

variety:
age:
height:

input()
```

图 5-4

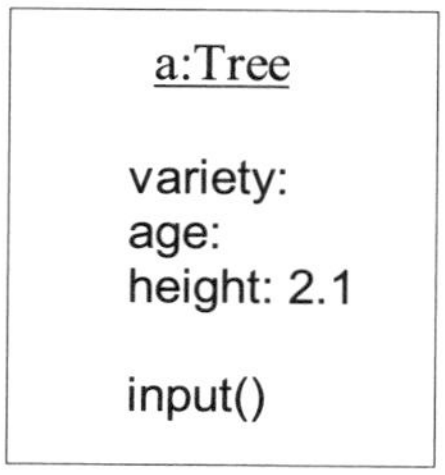

```
a:Tree

variety:
age:
height: 2.1

input()
```

图 5-5

此时对象 a 完成消息的处理，其内部数据也同步改变，即对象 a 的内部状态（Internal State）已经改变，这是对象的行为之一。上面用户已经加入 1 个函数，按照同样的方法，继续加入其他函数，让对象的行为更加丰富。如下例所示，代码如下。

#Ex05-03

```
class Tree:
  def __init__(self):
```

```
        self.variety = None
        self.age = None

    def input(self, hei):
        self.height = hei

    def inquireHeight(self):
        return self.height


#------------------------
a = Tree()
a.input(2.1)
h = a.inquireHeight()
print("height= ", h, "米")
```

此程序的输出结果如图 5-6 所示。

Tree 类有 2 个成员函数——input() 和 inquireHeight()。类的成员函数必须与其对象配合共同使用，格式如图 5-7 所示。

图 5-6   图 5-7

也就是说，必须以消息的形式出现。例如：

```
a.input(2.1)
```

如成员函数不与对象配合时，计算机又会如何处理？如下例所示，代码如下。

#Ex05-04

```
class Tree:
    def __init__(self):
        self.variety = None
        self.age = None
```

```
    def input(self, hei):
        self.height = hei


    def inquireHeight(self):
        return self.height


#------------------------
a = Tree()
a.input(2.1)
h = inquireHeight()
print("height= ", h, "米")
```

当运行如下命令时：

```
    h = inquireHeight( )
```

系统会认为 inquireHeight()为独立（于类外）的函数，与 Tree 类内的 inquireHeight()无关；于是计算机去寻找独立的 inquireHeight()函数，但会发现无法找到；所以程序会报错，并输出错误的消息提示，如图 5-8 所示。

```
>>>
 RESTART: C:/Users/Queena/AppData/Local/Programs
Traceback (most recent call last):
  File "C:/Users/Queena/AppData/Local/Programs/P
ine 15, in <module>
    h = inquireHeight()
NameError: name 'inquireHeight' is not defined
>>>
>>>
```

图 5-8

因此，用户需要掌握一个原则，即成员函数的任务是支持对象的行为，必须与对象配合使用。

5.3　类的私有属性与函数

前面说过，对象把数据及函数组织并"封装"起来，只有通过特定的方式才能使用类的数据成员和成员函数。对象如同手提袋，只能从固定的开口才能存取物品，否则用户一定不会把钱物放在手提袋中。对象像"防火墙"一样，来保护类中的数据，使其不受外界的影响。想象一下，公园的围墙可以保护里面的动植物，但其并非完全封闭，而有几个出入口。对象和公园的围墙功能一样，它保护其数据成员，但也有正常的数据存取管道：以成员函数来存取数据成员。请看下例，代码如下。

#Ex05-05

```
class Tree:
  def __init__(self):
      self.variety = None
      self.age = None
      self.height = None


#------------------------
a = Tree()
a.height = 2.1
print("height= ", a.height, "米")
```

此程序的输出结果如图 5-9 所示。

```
>>>
 RESTART: C:/Users/Queena/AppData/Local/Pro
height= 2.1 米
>>>
>>>
```

图 5-9

该程序中，Tree 类含有 3 个数据成员，即对象内含有 3 个数据，此类的成员函数能直接存取。同时，也允许其他函数来存取数据成员的值，存取格式如图 5-10 所示。

例如命令：a.height = 2.1，它把 2.1 存入对象 a 的 height 变量中，对象 a 的内容如图 5-11 所示。

对象. 数据成员

图 5-10

```
a:Tree

variety:
age:
height: 2.1
```

图 5-11

此外，用户还需要留意一种情形，代码如下。

#Ex05-06

```
class Tree:
def __init__(self):
    self.variety = None
    self.age = None
    self.height = None


#------------------------
a = Tree()
height = 2.1
print("height= ", a.height, "米")
```

当运行如下命令时，会发现此 height 变量并未与对象配合使用，计算机不认为它是 Tree 类的 height 数据项，而只视其为独立（于类外）的变量。

```
height = 2.1
```

所以，此程序的输出结果如图 5-12 所示。

```
>>>
 RESTART: C:/Users/Queena/AppData/Local/Pro
height=  None 米
>>>
>>>
```

图 5-12

上述情形，是对象对其数据成员保护最为宽松的情形，因为对象所属类（即 Tree）之外的函数（如主程序部分）还能存取数据成员的内容，这统称为公有成员，它包括公有数据成员（Public Data Member）和公有成员函数（Public Member Function）两种。然而，这种保护宽松的情形就像一颗炸弹，除了引信外，还有许多方法可以让炸弹爆炸。同理，Tree 类的数据——height 变量，连类外部的主程序都可以随意改变它，那么，如果有一天 height 的内容出问题了，将很难追查出错的原因，这种程序会让人大伤脑筋，因为已经无法掌握具体的状况。

在如今的 Python 程序中，已采取较严密的保护措施，使用户能控制类内数据的变化状况，这统称为私有成员，包括私有数据成员（Private Data Member）和私有成员函数（Private Member Function）两种。例如，将上述的数据项名称 "height"改变成为"__height"，就从原来的公有性，变为私有性了，计算机会对

Tree 类的数据成员采取严格的保护措施。其中，公有成员与私有成员的区别如下。

- 公有（**Public**）：表示此类外的函数可以存取数据成员。
- 私有（**Private**）：表示此类外的函数无法直接存取数据成员，只有成员函数才能存取数据成员。

再看一例，代码如下。

#Ex05-07

```
class Tree:
 def __init__(self):
    self.variety = None
    self.age = None
    self.__height = 2.1


#-------------------------
a = Tree()
print("height= ", a.__height, "米")
```

运行主程序的命令：

```
print("height= ", a.__height, "米")
```

因 Tree 类采取严格保护措施（Private），则类外的函数不能使用 height 变量名称，所以命令——print（"height= ", a.__height, "米"），就输出了错误消息，如图 5-13 所示。

```
>>>
 RESTART: C:/Users/Queena/AppData/Local/Programs/Python/Py
Traceback (most recent call last):
  File "C:/Users/Queena/AppData/Local/Programs/Python/Pyth
ine 8, in <module>
    print("height= ", a.__height, "米")
AttributeError: 'Tree' object has no attribute '__height'
>>>
>>>
```

图 5-13

也许用户会问：这样岂不是无法存取类内的数据成员吗？答案如下：

"类内的成员函数（Member Function）可存取私有性数据成员，类外的函数能通过成员函数来存取数据成员，如图 5-14 所示。"

这如同只有引信才能引起炸弹爆炸，人

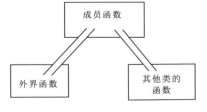

图 5-14

们也只能通过引信才能引爆炸弹，让人们觉得使用炸弹既安全又简单。同样，对象经由成员函数和外界沟通，可减少外界无意中破坏对象内的数据（无意中引爆炸弹）的情况出现。继续看下例，代码如下。

#Ex05-08

```
class Tree:
 def __init__(self):
    self.variety = None
    self.age = None
    self.__height = 2.1

    def input(self, hei):
    self.__height = hei
    def disp(self):
    print("height= ", a.__height, "米")


#------------------------
a = Tree()
a.input(2.1)
a.disp()
```

这将 input()放在 Tree 类中，成为 Tree 的成员函数，它能存取数据成员"__height"的值。所以，此程序输出结果如图 5-15 所示。

```
>>>
 RESTART: C:/Users/Queena/AppData/Local/Prog
height=  2.1 米
>>>
>>>
```

图 5-15

类外的函数可以调用 input()函数，其调用格式如图 5-16 所示。

对象. 函数成员(参数)

图 5-16

除了刚才谈到的私有性数据成员，还有私有性成员函数。如果将上述的函数名称"input()"改为"__input()"，就从原来的公有性，变成私有性，计算机也会对 Tree 类的函数采取严格的保护措施。例如下面的程序，代码如下。

#Ex05-09

```python
class Tree:
    def __init__(self):
        self.variety = None
        self.age = None
        self.__height = 2.1

    def __input(self, hei):
        self.__height = hei
    def disp(self):
        print("height= ", a.__height, "米")

#------------------------
a = Tree()
a.__input(2.1)
a.disp()
```

这个程序有一些问题，因为__input()是 Tree 类的私有性成员函数而非公有性成员函数，类外的命令不能调用它，所以会输出如图 5-17 所示的错误消息。

```
>>>
 RESTART: C:\Users\Queena\AppData\Local\Programs\Python\Python37
Traceback (most recent call last):
  File "C:\Users\Queena\AppData\Local\Programs\Python\Python37-3
ine 14, in <module>
    a.__input(2.1)
AttributeError: 'Tree' object has no attribute '__input'
>>>
>>>
```

图 5-17

继续看下例，代码如下。

#Ex05-10

```python
class Tree:
    def __init__(self):
        self.__variety = None
        self.__height = 2.1
        self.age = None
```

```
    def ShowAge(self):
        print("Age=", self.age)


#------------------------
a = Tree()
a.age = 8
a.age += 2
a.ShowAge()
```

此程序的输出结果如图 5-18 所示。

```
>>>
 RESTART: C:/Users/Queena/AppData/Local/Programs
Age=   10
>>>
>>>
```

图 5-18

该 Tree 类包含 2 个私有成员: variety 及 height, 且有 2 个公有成员: age 及 ShowAge()。由于 age 是公有数据成员, 所以主程序部分可使用如图 5-19 所示的格式。

用来存取 Tree 内的 age 变量, 命令如下:

```
a.age = 8
```

即把 8 存入对象 a 内的 age 变量, 命令如下:

```
a.age += 2
```

使对象 a 的 age 变量值加上 2, 变成 10。由于 ShowAge() 函数是公有性成员函数, 也可使用 5-20 所示的格式。

对象. 数据成员　　　　　　　**对象. 函数成员(参数)**

图 5-19　　　　　　　　　　　**图 5-20**

使用这种格式来调用 ShowAge() 函数。由于类 (即对象) 的目的是保护数据, 并且提供成员函数来与外界沟通。通常情况下, 数据成员都定义为私有性, 而成员函数都定义为公有性, 即尽量不用或少用如图 5-21 所示的格式, 而尽量多地使用如图 5-22 所示的格式。

对象. 数据成员	对象. 函数成员(参数)
图 5-21	图 5-22

范例代码如下。

#Ex05-11

```python
class Tree:
  def input(self, v, a, hei):
      self.__variety = v
      self.__age = a
      self.__height = hei

  def Show(self):
      print(self.__variety, self.__age, self.__height)

#-----------------------
a = Tree()
b = Tree()
a.input("peach", 8, 2.1)
b.input("pineapple", 2, 0.5)
a.Show()
b.Show()
```

这个 Tree 类内的数据成员：variety、age 及 height 均为私有性成员，而 input() 及 Show() 函数是公有性成员。运行如下命令：

```python
a.input("peach", 8, 2.1)
```

可以把 3 项数据分别存入对象 a 的数据成员中，a 的内容如图 5-23 所示。同样，下面的命令行也把 3 项数据存入对象 b 中。

```python
b.input("pineapple", 2, 0.5)
```

b 的结果为如图 5-24 所示。

图 5-23   图 5-24

最后，调用 Show()函数把对象 a 和对象 b 的内容显示出来，如图 5-25 所示。

```
>>>
 RESTART: C:/Users/Queena/AppData/Local/Programs/Pytl
peach 8 2.1
pineapple 2 0.5
>>>
>>>
```

图 5-25

5.4 类级别的属性

类级别（Class-level）的数据，又称为共享（Shared）数据或静态（Static）数据，这也是同一类里各对象所能共享的数据。前面我们在类里所定义的数据项，其数据都封装于各对象内，别的对象无法获取。共享数据项的值是在对象外，但封装在类内，只要是该类的对象都能获取该值。由于一般数据项的值封装于对象内，就称为对象级别的变量（Instance-level Variable）；而共享数据封装于类，所以又称为类级别的变量（Class-level Variable）。如下例所示。

#Ex05-12

```python
class Employee:
temp = 0;

    def __init__(self, na, sa):
        self.emp_name = na
        self.salary = sa

    def save_to_temp(self):
```

```
        Employee.temp = self.salary

    def load_from_temp(self):
        self.salary = Employee.temp

    def Display(self):
        print("Name:", self.emp_name, ", Salary:", self.salary)

#--------------------------------------------------------------
tom = Employee("Tom", 7777.25)
peter = Employee("Peter", 1643.5)
tom.save_to_temp()
peter.load_from_temp()
peter.Display()
```

结果如图 5-26 所示。

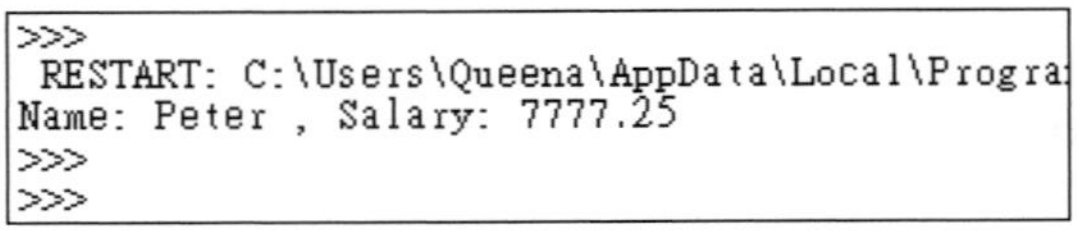

```
>>>
 RESTART: C:\Users\Queena\AppData\Local\Progra:
Name: Peter , Salary: 7777.25
>>>
>>>
```

图 5-26

定义如下命令：

```
temp = 0;
```

这说明 temp 是共享数据。归纳起来就是，共享数据与一般数据的区别如下："共享数据是各对象共享的数据，而一般数据是对象的私有数据。"

输入以下命令：

```
tom = Employee("Tom", 7777.25)
```

创建物体 tom，此时 temp 比 Tom 创建得更早。接下来运行如下命令：

```
peter = Employee("Peter", 1643.5)
```

该命令创建物体 Peter。此时计算机内存的内容显示如图 5-27 所示。

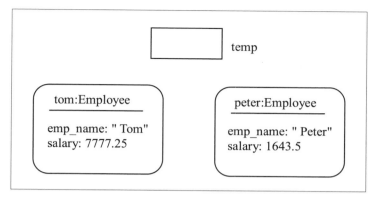

图 5-27

其中，Tom 及 Peter 各含有一份 emp_name 和 salary 数据，但整个 Employee 类只有一份 temp 数据，对象共同分享 temp 内的数据。Employee 类里的任何对象都可以认为 temp 是其可用的数据，但事实上只有一个 temp。由于它属于所有的对象，所以各对象的函数都可以存取。于是，输入如下命令：

```
tom.save_to_temp()
```

把 Tom 对象内的 salary 值复制到 temp 数据里。命令如下：

```
peter.load_from_temp()
```

再将 temp 值复制到 Peter 对象里的 salary 里，如图 5-28 所示。

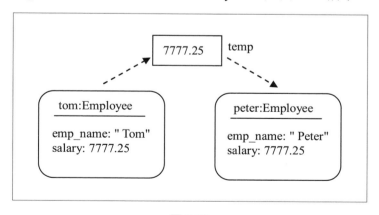

图 5-28

共享数据除了供对象之间沟通，还有一个重要的用途，即记录类的状况，例如记录该类共创建了多少个对象。请看如下例子，代码如下。

#Ex05-13

```python
class Employee:
counter = 0;
sum = 0

    def __init__(self, na, sa):
        self.emp_name = na
        self.salary = sa
        Employee.counter += 1
        Employee.sum += self.salary

    def Display_Avg(self):
        print("The number of employee:", Employee.counter)
        print("Average salary:", Employee.sum / Employee.counter)


    def Display(self):
        print("Name:", self.emp_name, ", Salary:", self.salary)

#--------------------------------------------------------------
e1 = Employee("Tom", 25000.0)
e2 = Employee("Lily", 20000.0)
e1.Display()
e2.Display()
e1.Display_Avg()
```

此程序的输出结果如图 5-29 所示。

其中，counter 记录类中含有多少对象。sum 则存储各对象的 salary 值总和。因此，必须给予 counter 及 sum 初始值。计算机开始运行创建第 1 个对象时，各共享数据变量就同步创建，且设定了初始值。此时 Employee 类的内容如图 5-30 所示。

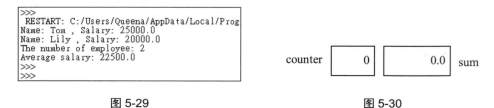

```
>>>
 RESTART: C:/Users/Queena/AppData/Local/Prog
Name: Tom , Salary: 25000.0
Name: Lily , Salary: 20000.0
The number of employee: 2
Average salary: 22500.0
>>>
>>>
```

图 5-29   图 5-30

当 e1 对象创建时，会去运行结构函数 Employee()，把各数据存入到对象的私有数据中；同时也运行命令：counter = counter + 1，使共享变量 counter 值加 1。此外，也运行命令：sum = sum + salary，把 e1 对象的 salary 值加到 sum 里。此时共享数据的内容如图 5-31 所示。

此时，counter 值为 1，表示 Employee 内已创建一个对象。接着，创建对象 e2，计算机又运行结构函数：Employee()，它把数据存入对象 e2 中，使 counter 加上 1，也把 e2 对象的 salary 值加到 sum 中。此时，共享数据的值如图 5-32 所示。

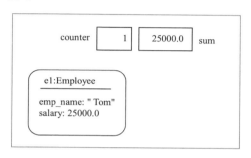

图 5-31

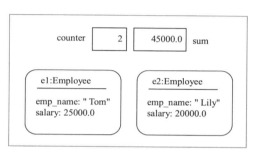

图 5-32

也可以说，e1 含有 4 项数据：emp_name、salary、counter 及 sum；e2 也含有 4 项数据：emp_name、salary、counter 及 sum。其中，e1 的 counter 值等于 e2 的 counter 值，同时 e1 的 sum 值等于 e2 的 sum 值。

5.5 类级别的函数

前面介绍过共享的数据项，它是各对象的公有数据，但又不属于任何一个对象，而是属于类的。除数据项以外，也有共享函数，它属于类，而不属于任何对象，所以称其为"类级别函数"（Class-level Function）。它不能调用对象内的数据，只能存取共享数据的值。一般函数均可调用共享函数，也可以存取共享数据的值。如下例，代码如下。

#Ex05-14

```
class Employee:
counter = 0;
sum = 0
```

```python
    @classmethod
    def NumberOfObject(cls):
        return cls.counter

    @classmethod
    def Average(cls):
        return cls.sum / cls.counter

    @classmethod
    def Display_Avg(cls):
        print("Average salary:", cls.Average())

    def __init__(self, na, sa):
        self.emp_name = na
        self.salary = sa
        Employee.counter += 1
        Employee.sum += self.salary

    def display(self):
        print("Number of Employee:", Employee.NumberOfObject())

#---------------------------------------------------------------
e = Employee("Tom", 25000.0)
e = Employee("Lily", 20000.0)
e.display()
Employee.Display_Avg()
```

此程序的输出结果如图 5-33 所示。

```
>>>
 RESTART: C:/Users/Queena/AppData/Local/Pro
Number of Employee: 2
Average salary: 22500.0
>>>
>>>
```

图 5-33

一般函数用来处理对象内的数据，调用一般函数的格式如下：

> **对象参考 . 一般函数**

调用该函数的目的是处理此对象内的数据。共享函数的目的并非在于处理对象的内容，而是存取共享数据或处理关于整个类的事情。因此，调用共享函数的格式如下：

> **类 . 共享函数**

例如，下面程序里的命令就是调用 Display_Avg()共享函数。

```
Employee.Display_Avg()
```

由于共享函数并非处理某个特定的对象值，所以不会去调用一般的函数。不过，一般函数却可以调用共享函数，以便必要时通过共享函数取得有关整个类的数据。例如，上述 display()是一般函数，程序代码如下。

```
def display(self):
        print("Number of Employee:", Employee.NumberOfObject())
```

此函数调用了共享的 NumberOfObject()函数，而共享函数不可调用一般函数，如上述 Display_Avg()是共享函数，程序代码如下。

```
@classmethod
        def Display_Avg(cls):
                print("Average salary:", cls.Average())
```

它不能调用一般函数，只能调用像 Average()这样的共享函数；而 Average()共享函数只能存取共享数据（如 sum 和 counter），不能存取对象内的数据。

第6章

类的继承体系

6.1　继承的意义

人们从小就学习将东西分类，如将自然界的物品分为"生物"及"非生物"，其中生物又分为"动物"及"植物"等，无论动物、植物或生物皆为类。动物是一种生物，植物也是一种生物。此时，即称动物是生物的子类，植物也是生物的子类，而生物是动物及植物的父类。这种父子类关系是人们将复杂事物分门别类，找出一致的行为和"次序"的有效途径。

类之间，有些互为独立，有些具有密切关系。下面介绍类之间常见的关系——"父子"关系，由于儿女常继承父母的生理或心理特征，所以又称此关系为"继承"（Inheritance）关系。类之间的密切关系，把相关的类组织起来，并且组织程序内的对象。若程序内的对象毫无组织，呈现一片散沙状态，就不是一个好的程序。完美的 Python 程序，必须重视类之间的关系，而对象则有一定的组织。

如果 A 类"继承"B 类，则称 A 为 B 的"子类"，也称 B 为 A 的"父类"。在 Python 中，父类又称为"基础类"（Base Class），子类又称为"衍生类"（Derived Class）。如果用户对"继承"观念不熟悉，无法看出类之间的继承关系，还有一个简单方法：（1）A 为 B 的子类；（2）A 为 B 的一种特殊类。

根据叙述（2）能轻易找出父子关系。例如：肯尼思（Kennex）生产高质量球拍，球拍分两种：网球拍与羽毛球拍。从此句子得知：网球拍为一种球拍，羽毛球拍也为一种球拍。因此，网球拍为球拍的子类，羽毛球拍也为球拍的子类，即球拍是父类，如图 6-1 所示。

这里有一个基础类——球拍，以及两个衍生类——网球拍及羽毛球拍，程序通过继承关系将这三类组织起来。除了物品（如球拍、汽车等）外，人也有继承关系。例如：学校人员（Person）包括学生（Student）、老师（Teacher）及职员（Employee），老师又分为专职老师（Full-time Teacher）及兼职老师（Part-time Teacher），如图 6-2 所示。

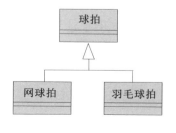

图 6-1

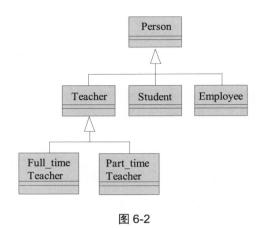

图 6-2

6.2 建立类继承体系

前面的章节中，已经介绍了如何定义类，这一节介绍如何定义类的继承关系，案例如图 6-3 所示。

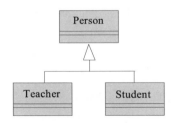

图 6-3

程序的设计过程如下。

Step 1，定义基础类（父类），代码如下：

```
class Person:
    .........
```

Step 2，定义衍生类（子类），代码如下：

```
class Teacher(Person):
    pass


class Student(Person):
```

```
    pass
```

括号内是父类的名称。它表达如下概念：Teacher 为 Person 的子类，Student 也为 Person 的子类。子类从父类继承什么东西呢？类包含"数据"及"函数"。因此，子类继承父类的数据及函数。下述程序定义 Person 类，它含有 2 项数据及 3 个函数。

#Ex06-01

```python
class Person:
    def setValue(self, na, a):
        self.name = na
        self.age = a

    def birthYear(self):
        return 2019 - self.age

    def display(self):
        print("Name:", self.name, ", Age:", self.age)

#--------------------------------------------------------
mike = Person()
mike.setValue("Mike", 45)
mike.display()
print("BirthYear:", mike.birthYear());
```

此程序的输出结果如图 6-4 所示。

```
>>>
 RESTART: C:/Users/misoo/AppData/Local/Programs.
Name: Mike , Age: 45
BirthYear: 1974
>>>
>>>
```

图 6-4

所谓继承数据，是表示继承数据成员的定义，而不是继承数据的值，需要用户加以区别。类定义数据成员（含类型及名称），对象创建后，对象内才有数据值。所以"类继承"是继承类的定义，而不是继承对象的值。也就是说：若父类定义 Name 及 Age 两个数据成员，则子类天生就拥有这两个数据成员，所以子类不需要定义它们。所谓继承函数，表示子类天生就拥有父类定义的成员函数。例如：Person 的子类天生就具有 setValue()、birthYear()及 display()函数。现在，来定义 Person 的子类，代码如下。

#Ex06-02

```
class Person:
    def setValue(self, na, a):
        self.name = na
        self.age = a

    def birthYear(self):
        return 2019 - self.age

    def display(self):
        print("Name:", self.name, ", Age:", self.age)

#----------------------------------------------------------
class Teacher(Person):
    pass

steven = Teacher()
steven.setValue("Steven", 35)
steven.display()
```

此程序的输出结果如图 6-5 所示。

```
>>>
 RESTART: C:/Users/misoo/AppData/Local/Prog
Name: Steven , Age: 35
>>>
>>>
```

图 6-5

从上面可以看出，表面上看 Teacher 类中，未定义数据项及函数，但事实上其已拥有 Name 及 Age 两个资料成员，也拥有 setValue()、birthYear()及 display()三个成员函数。因此，Steven 为 Teacher 类的对象，它能调用 detValue()及 display()函数。在应用的时候，子类通常拥有自己的数据项及函数，使其区别于父类。如下例所示，代码如下。

#Ex06-03

```
class Person:
    def setValue(self, na, a):
        self.name = na
        self.age = a

    def birthYear(self):
        return 2019 - self.age

    def display(self):
        print("Name:", self.name, ", Age:", self.age)

#----------------------------------------------------------
class Teacher(Person):
    def tr_setValue(self, na, a, sa):
        super().setValue(na, a)
        self.salary = sa

    def pr(self):
        super().display()
        print("Salary:", self.salary)
#----------------------------------------------------------
steven = Teacher()
steven.tr_setValue("Steven", 35, 35000)
steven.pr()
```

此程序的输出结果如图 6-6 所示。

```
>>>
 RESTART: C:/Users/misoo/AppData/Local/Prog
Name: Steven , Age: 35
Salary: 35000
>>>
>>>
```

图 6-6

现在，Teacher 类含有 3 个数据成员。

- Name：从 Person 类继承而来。
- Age：从 Person 类继承而来。

- Salary：自定义。

此外，也含有五个成员函数。

- setValue()：从 Person 继承而来。
- birthYear()：从 Person 继承而来。
- display()：从 Person 继承而来。
- tr_SetValue()：自定义。
- pr()：自定义。

由于 setValue()为 Teacher 的成员函数，所以 tr_setValue() 能直接调用 setValue()来设定 Name 及 Age 的值；之后，用 tr_setValue()设定 Salary 的值。同理，pr()能直接调用 display() 来显示 Name 及 Age 的内容；之后，pr()自己输出 Salary 的值。

此 Python 程序已定义如图 6-7 所示的类关系。

接下来，再为 Person 定义一个子类——Student，程序代码如下。

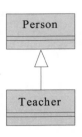

图 6-7

#Ex06-04

```python
class Person:
    def setValue(self, na, a):
        self.name = na
        self.age = a

    def birthYear(self):
        return 2019 - self.age

    def display(self):
        print("Name:", self.name, ", Age:", self.age)

#-------------------------------------------------------
class Teacher(Person):
    def setValue(self, na, a, sa):
        super().setValue(na, a)
        self.salary = sa

    def pr(self):
        super().display()
```

```
        print("Salary:", self.salary)
#-----------------------------------------------------------
class Student(Person):
        def setValue(self, na, a, no):
            super().setValue(na, a)
            self.student_number = no
        def pr(self):
            super().display();
            print("StudNo: ", self.student_number)
#-----------------------------------------------------------
x = Person()
x.setValue("Alvin", 32)
y = Student()
y.setValue("Tom", 36, 11138)
x.display()
y.pr()
```

此程序的输出结果如图 6-8 所示。

```
>>>
 RESTART: C:\Users\Queena\AppData\Local\Programs
Name: Alvin , Age: 32
Name: Tom , Age: 36
StudNo:  11138
>>>
>>>
```

图 6-8

此时，Student 类含有 Name、Age 及 Student_Number 3 个数据成员。而且拥有 setValue()、Person 的 setValue()、display()、pr()及 birthYear() 5 个成员函数。于是建立如图 6-9 所示的继承关系。

x 对象含 Name 及 Age 两项数据，指令——x.setValue("Alvin", 32)将数据存入 x 对象中。因 Student 继承 Person，所以 y 对象内含 Name、Age 及 Student_Number 3 项数据，指令 y.setValue("Tom", 36, 11138)用于将数据存入 y 对象中。上述 setValue()语句的功能：设定对象的初始值。可由构造函数代替，所以此 Student 的定义可通过以下程序得出，代码如下。

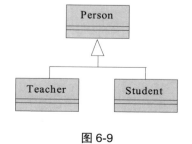

图 6-9

#Ex06-05

```
   class Person:
   def __init__(self):
       self.name = None
       self.age = None
   def setValue(self, name, a):
       self.name = name
       self.age = a

   def birthYear(self):
      return 2019 - self.age

   def display(self):
       print("Name:", self.name, ", Age:", self.age)


#--------------------------------------------------------
class Teacher(Person):
    def __init__(self, na, a, sa):
        super().setValue(na, a)
        self.salary = sa

    def pr(self):
        super().display()
        print("Salary:", self.salary)
#--------------------------------------------------------
class Student(Person):
        def __init__(self, na, a, no):
            super().__init__()
            super().setValue(na, a)
            self.student_number = no
        def pr(self):
            super().display();
            print("StudNo: ", self.student_number)
#--------------------------------------------------------
x = Person()
x.setValue("Alvin", 32)
```

```
y = Student("Tom", 36, 11138)
x.display()
y.pr()
```

此程序的输出结果如图 6-10 所示。

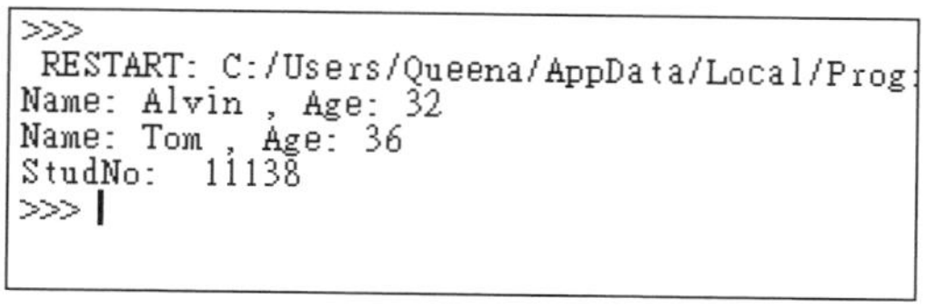

```
>>>
 RESTART: C:/Users/Queena/AppData/Local/Prog
Name: Alvin , Age: 32
Name: Tom , Age: 36
StudNo:  11138
>>>
```

图 6-10

请仔细看 y 对象的创建过程：y 创建时，首先调用 Student 的构造函数，代码如下。

```
def __init__(self, na, a, no):
        super().__init__()
        super().setValue(na, a)
        self.student_number = no
```

它先调用父类 Person 的构造函数__init__()一起创建 y 物体。此时创建物体如图 6-11 所示。

其继承部分是由 Person()创建的，Person()任务完成后，轮到 Student 的构造函数的本身创建（即扩充），如图 6-12 所示。

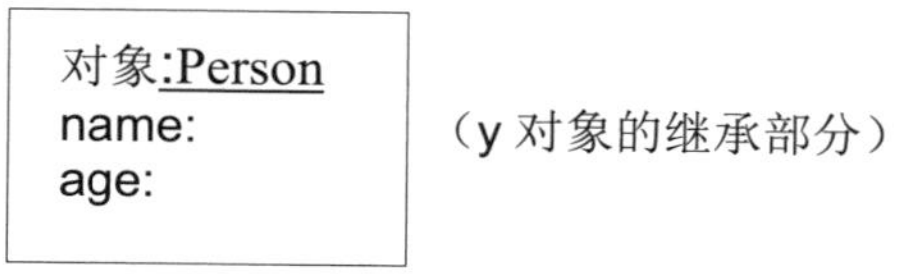

对象:Person
name:
age:

（y 对象的继承部分）

图 6-11

y : Student
对象:Person name: age:
student_number:

图 6-12

创建完毕后，运行 Student 的构造函数内的命令来设定 y 的初始值。于是调用父类的 setValue()将值存入 y 中，如图 6-13 所示。

最后，继续运行命令 student_number = no，设定 student_number 数据的初

始值，如图 6-14 所示。

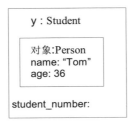

y : Student	y : Student

图 6-13   图 6-14

于是，Student()构造函数创建 y 对象，也设定初始值，任务完成。上述的流程可以通过如下程序得出。

#Ex06-06

```python
class Person:
    def __init__(self, na, a):
        self.name = na
        self.age = a

    def birthYear(self):
        return 2019 - self.age

    def display(self):
        print("Name:", self.name, ", Age:", self.age)

#---------------------------------------------------------
class Teacher(Person):
    def __init__(self, na, a, sa):
        super().__init__(na, a)
        self.salary = sa

    def pr(self):
        super().display()
        print("Salary:", self.salary)
#---------------------------------------------------------
class Student(Person):
    def __init__(self, na, a, no):
```

```
        super().__init__(na, a)
        self.student_number = no
    def pr(self):
        super().display();
        print("StudNo: ", self.student_number)
#------------------------------------------------------
x = Person("Alvin", 32)
y = Student("Tom", 36, 11138)
x.display()
y.pr()
```

此程序的输出结果如图 6-15 所示。

```
>>>
 RESTART: C:/Users/Queena/AppData/Local/Program
Name: Alvin , Age: 32
Name: Tom , Age: 36
StudNo:  11138
>>>
>>>
```

图 6-15

其子类 Student 的构造函数，代码如下。

```
def __init__(self, na, a, no):
        super().__init__(na, a)
        self.student_number = no
```

其先调用父类的构造函数，协助创建对象，如图 6-16 所示。

图 6-16

接着，运行父类 Person 的构造函数内的命令，设定初始值，如图 6-17 所示。

图 6-17

Person 构造函数工作完成后，继续 Student 构造函数的工作，首先扩充对象，如图 6-18 所示。

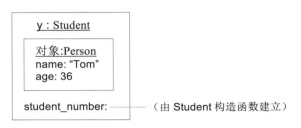

图 6-18

创建完毕后，运行 Student 构造函数内的命令，来设定初始值，如图 6-19 所示。

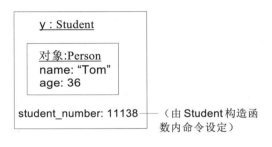

图 6-19

于是，y 物体创建完毕。

其中，需要特别留意的是，子类构造函数调用父类构造函数的方式。例如，Student 构造函数内的 super.__init__(na, a) 命令将 na 及 a 值传递给 Person 构造函数，于是 Person 构造函数设定 Name 及 Age 的初始值。其除了调用 Person 构造函数，还运行自己的命令 student_number = no，来设定 student_number 的初始值。

Student 类的对象含有 3 个数据成员，其中 Name 及 Age 是由 Person 类继承而来，通过 Person 构造函数设定初始值。至于 Student 类自己定义的数据成员 Student_Number，就由自己的命令 student_number = no 设定初始值。

6.3　函数覆写的意义

程序的发展是渐进的，软件内的类也随着企业的成长而不断扩充。类扩充一般有以下几种来源：功能增加或功能改变。两者都可以通过类继承来扩充或修改已有的函数，从而达到这个目的。

在前面各章节里，已经看到子类具有自己定义的函数，那就是子类对父类加以"扩充"功能的情形，在此不再赘述。这里特别说明如何"修正"父类的已有函数，如果从父类继承得到的函数并不符合子类的需要，可设计同名函数取代，如图 6-20 所示。

子类 SalesManager 对继承而来的 bonus() 函数不满意，因而定义自己的 bonus() 函数来取代它，此情形称为函数的"覆写"（Override）。如一般销售员与销售经理的红利计算方法不同；SalesPerson 类的 bonus() 函数无法计算 SalesManager 人员的红利，所以 SalesManager 类必须定义自己适用的 bonus() 计算销售经理的红利。想达到覆写的目标，子类自定义函数的名称、参数均与父类原有函数相同，就能覆盖掉父类的函数。反之，如果名称、参数有所

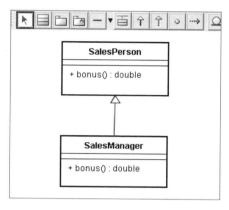

图 6-20　函数之覆写

不同，则无法覆盖掉父类的函数，而形成两个独立的函数。这种覆写函数的用途很多，包括多态性、反向控制等，本书后续章节会详细说明。这儿先看一下 Python 语法的表达，程序如下。

#Ex06-07

```python
    class SalesPerson:
    def __init__(self, t):
        self.totalSales = t

    def bonus(self):
        return self.totalSales * 0.008
#-------------------------------------------
class SalesManager(SalesPerson):
    def __init__(self, t):
        super().__init__(t)
```

```
    def bonus(self):
        return self.totalSales * 0.008 + 1000
#---------------------------------------------
Jim = SalesPerson(50000)
print("Jim's Bonus:", Jim.bonus())
Tom = SalesManager(45000)
print("Tom's Bonus:", Tom.bonus())
```

此程序的输出结果如图 6-21 所示。

```
>>>
 RESTART: C:/Users/Queena/AppData/Local/Pro
Jim's Bonus: 400.0
Tom's Bonus: 1360.0
>>>
>>>
```

图 6-21

　　"覆写"是针对"父子"类之间，子类有"修正"或"取代"的意思时，才定义同名函数取代父类的函数。父类的 bonus()和子类的 bonus()都表示同一含义：计算红利，只是计算方法不同。因此，"覆写"着眼于以不同的运行过程来取代父类的函数，但新旧函数之间，意义相同。

7

第 7 章

活用抽象类

7.1 抽象类与继承体系

在上一章里，介绍过类的继承体系，如图 7-1 所示。

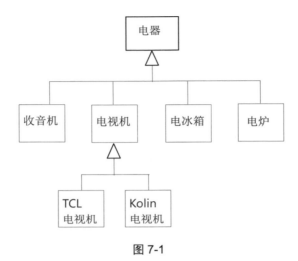

图 7-1

这是利用人们的抽象（Abstraction）能力，对物品加以分类，所以这个继承关系中的父类又称为抽象类。"抽象"一词的反义词是"具象"（Concrete），所以继承关系中的子类又称为具象类（Concrete Class），也称为具体类。

然而，Python 对于抽象类与具象类之间，有比较明确的区别，让我们能更明确地叙述对物品的分门别类、找出序（即接口），创造出分合自如的空间和机会。

在本章里，先介绍 Python 的抽象类概念和机制。而等到下一章，再说明抽象的程序。

7.2 Python抽象类的表示法

7.2.1 一般具象类

抽象类的来源是：洞悉并分离出"变"（或差异）的部分与"不变"（或共同）的部分，然后去掉差异部分，留下共同部分，并以类来表示，即为抽象类。由于已经去掉了一部分，所以抽象类的本质是不完整的，预留一些有待填补的空间。例如，建房子时，师傅都会预留一些卡榫，用作未来可用的衔接点。

例如，一般类是具体而完整的，每一个函数都有完整的实现命令部分，我们可以随意拿它来创建对象，实例代码如下。

#Ex07-01

```python
class SalesPerson:

    def __init__(self, na, sx):
        self.name = na
        self.sex = sx

    def SetFee(self, fee, disc):
        self.base_fee = fee
        self.discount = disc

    def GetTotal(self):
        return self.base_fee * self.discount

    def Display(self):
        print( "Name:", self.name )
        print( "Fee:", self.GetTotal())
#------------------------------------------------------------
alice = SalesPerson("Alice", "Male")
alice.SetFee(2000, 0.8)
alice.Display()
```

此程序的输出结果如图 7-2 所示。

```
>>>
 RESTART: C:/Users/Queena/AppData/Local/Prog
Name: Alice
Fee: 1600.0
>>>
>>>
```

图 7-2

这样的一般类通称为具象类。

7.2.2　抽象类

如果抽掉 SalesEngineer 类里的某些函数的实现部分，就成为 SalesPerson 抽象类，案例如下所示。

#Ex07-02

```python
from abc import ABC, abstractmethod

class SalesPerson(ABC):

  def __init__(self, na, sx):
    self.name = na
    self.sex = sx

  def SetFee(self, fee, disc):
    self.base_fee = fee
    self.discount = disc

  @abstractmethod
  def GetTotal(self): pass

  @abstractmethod
  def Display(self): pass


#------------------------------------------
alice = SalesPerson("Alice", "Male")
alice.SetFee(2000, 0.8)
alice.Display()
```

其中，GetTotal() 和 Display() 函数的实现部分被抽掉，就称为抽象函数。由于 GetTotal() 和 Display() 函数欠缺实现部分，如果用它创建对象，代码如下。

```python
alice = SalesPerson("Alice", "Male")
alice.SetFee(2000, 0.8)
alice.Display()
```

需要注意的是：使用这方法会发生严重的问题，即计算机运行命令的时候，将找不到实现命令，从而导致程序无法运行，代码如下。

```
alice.Display();
```

所以，此程序输出错误信息，如图 7-3 所示。

```
>>>
 RESTART: C:\Users\Queena\AppData\Local\Programs\Python\Pyth
on37-32\Ex07-02.py
Traceback (most recent call last):
  File "C:\Users\Queena\AppData\Local\Programs\Python\Python
37-32\Ex07-02.py", line 20, in <module>
    alice = SalesPerson("Alice", "Male")
TypeError: Can't instantiate abstract class SalesPerson with
 abstract methods Display, GetTotal
>>>
>>>
```

图 7-3

7.3　从"抽象类"衍生"具象类"

抽象类就如同一间空房子，添置一些家具（如函数的实现部分）就能让人生活得很愉快。在 Python 里，使用子类来填补函数的实现部分，程序代码如下。

#Ex07-03

```python
from abc import ABC, abstractmethod

class SalesPerson(ABC):
  def __init__(self, na, sx):
    self.name = na
    self.sex = sx

  def SetFee(self, fee, disc):
    self.base_fee = fee
    self.discount = disc

  @abstractmethod
  def GetTotal(self): pass

  @abstractmethod
  def Display(self): pass
```

```
#--------------------------------------------
class SalesEngineer(SalesPerson):
    def __init__(self, na, sx):
        super().__init__(na, sx)

    def GetTotal(self):
        return self.base_fee * self.discount

    def Display(self):
        print("Name:", self.name)
        print("Fee:" , self.GetTotal())
#--------------------------------------------
alice = SalesEngineer("Alice", "Male")
alice.SetFee(2000, 0.8)
alice.Display()
```

此程序的输出结果如图 7-4 所示。

```
>>>
 RESTART: C:/Users/Queena/AppData/Local/Prog
on37-32/Ex07-03.py
Name: Alice
Fee: 1600.0
>>>
>>>
```

图 7-4

上述简单例子中，说明了两个重要动作。

● 抽象：将一般类的变化部分去掉，留下来相同部分，即抽象类。

● 衍生：给有预留而不完整的抽象类添加一些特殊功能，成为具象类，再
  创建对象。

抽象类，并非是某一个具体的类，也不能用来创建对象。其实它可以衍生出无数个具体子类，创建出无数种对象。抽象类中的抽象函数内容常是空的，"衍生"的动作则更进一步发挥这种效果。

人们很容易创造具象类，而不容易创造出抽象类。不过，当用户懂得善于利用眼前的"无用"来换取长远的"有用"时，创造与使用抽象类就变得易如反掌。

如果抽象类里的"所有"函数都欠缺实现部分，就称为纯粹抽象类。案例

代码如下。

#Ex07-04

```python
from abc import ABC, abstractmethod

class SalesPerson(ABC):
    @abstractmethod
    def AddFee(self, fee): pass

    @abstractmethod
    def GetTotal(self): pass

    @abstractmethod
    def Display(self): pass

#-------------------------------------------------
class SalesEngineer(SalesPerson):
    def __init__(self, na, sx):
        self.name = na
        self.sex = sx
        self.base_fee = 1000
        self.discount = 0.5
    def AddFee(self, fee):
        self.base_fee += fee

    def GetTotal(self):
        return self.base_fee * self.discount

    def Display(self):
        print("Name:", self.name)
        print("Fee:" , self.GetTotal())
#-------------------------------------------------
alice = SalesEngineer("Alice", "Male")
alice.AddFee(2000)
alice.Display()
```

此程序的输出结果如图 7-5 所示。

```
>>>
 RESTART: C:/Users/Queena/AppData/Local/Programs/P
on37-32/Ex07-04.py
Name: Alice
Fee: 1500.0
>>>
>>>
```

图 7-5

纯粹抽象类没有任何实现部分，像上述的 SalesPerson 类只有函数的定义部分，这种抽象类只呈现出 SalesEngineer 具象类的外观，以及叙述 SalesEngineer 类的行为。从继承体系可以衍生出"一群"具象类，纯粹抽象类说明这群具象类所创建的对象有哪些共同的行为。

7.4　抽象类的妙用：默认行为

7.4.1　Python 默认行为的表示法

如果将一些默认的实现部分加到 SalesPerson 类里，则其子类可选择要不要修改这个默认的实现部分，这样可减轻子类开发者的负担。案例代码如下。

#Ex07-05

```python
from abc import ABC, abstractmethod

class SalesPerson(ABC):

  def __init__(self, na, sx):
    self.name = na
    self.sex = sx
    self.base_fee = 1000
    self.discount = 0.5

  def AddFee(self, fee):
    self.base_fee += fee

  def GetTotal(self):
    return self.base_fee * self.discount
```

```python
    def Display(self):
        print("Name:", self.name)
        print("Fee:" , self.GetTotal())
#--------------------------------------------
class SalesEngineer(SalesPerson):
    def __init__(self, na, sx):
        super().__init__(na, sx)

    def Display(self):
        print("Name:", self.name,", Fee:" , self.GetTotal())

#--------------------------------------------
class SalesSecretary(SalesPerson):
    def __init__(self, na, sx):
        super().__init__(na, sx)

    def GetTotal(self):
        return super().GetTotal() - 100
#--------------------------------------------
alice = SalesEngineer("Alice", "Male")
alice.AddFee(2000)
alice.Display()

linda = SalesSecretary("Linda Fan", "Female")
linda.AddFee(5000);
linda.Display();
;
```

此程序的输出结果如图 7-6 所示。

```
>>>
 RESTART: C:/Users/Queena/AppData/Local/Prog
on37-32/Ex07-05.py
Name: Alice , Fee: 1500.0
Name: Linda Fan
Fee: 2900.0
>>>
>>>
```

图 7-6

其中 SalesEngineer 覆写了 Display()函数，没有使用 SalesPerson 的 Display()默认行为，而是使用 SalesPerson 的 GetTotal()默认行为。SalesSecretary 覆写了 GetTotal()函数，没有使用 SalesPerson 的 GetTotal()默认行为，而是使用 SalesPerson 的 Display()默认行为。

7.4.2　默认行为的意义

上述 SalesPerson 类的 GetTotal()扮演"默认函数"的角色，表达默认行为，这也是软件设计的重要观念。像汽车的自动挡一样，优点：汽车会"自动"按照速度换挡，即会自动维持汽车的平稳行驶。如你告诉出租车司机"到机场"，司机会依照其经验习惯而选取路线，让你舒适地抵达机场。而且，你还可以指导司机，按照你的意思而"修正"其习惯。因此，默认的重要特色如下。

- 让用户更加轻松：如汽车会自动换挡，司机就轻松许多，且司机会选择理想的路线，乘客不必操心。
- 默认是可修正的：这只适合一般状况，若有特殊的状况发生，应该立即修正。例如，波音 747 客机会依照程序起降，但遭遇特殊状况（如碰到一大群鸽子），飞行员会立即修正。这时，飞行员的判断凌驾于程序之上，达到修正的目的。在计算机软件上，操作系统（OS）包含了各种函数，自动运行并协调硬件运行，降低应用程序的负担。在 Windows 的事件驱动观念中，Windows 会不断与应用程序沟通，不断修正其行为，以对外界的事件提供迅速的反应和服务。默认函数扮演"备胎"的角色，当子类并未覆写该函数时，就会使用备胎。

7.5　默认函数的妙用：反向调用

当子类继承父类，而且覆写父类的函数时，会产生反向调用的现象，也就是父类的函数调用子类的函数。虽然父类（前辈）创建时，子类（晚辈）通常还没有创建；但父类有时候可预知子类中的某个函数，并调用它。像 Android 这样的应用框架里的抽象类就是扮演父类的角色，只是含有一些高端型的类，它提供通用但不完整的函数，是设计师刻意留给应用程序的子类补充的。一旦补充（通过函数覆写的手段）完成，框架里的父类的函数就可以"反向调用"子类里的函数。如下面的范例，代码如下。

#Ex07-06

```python
from abc import ABC, abstractmethod

class SalesPerson(ABC):

    def __init__(self, na, sx):
        self.name = na
        self.sex = sx

    def SetFee(self, fee, disc):
        self.base_fee = fee
        self.discount = disc

    def display(self):
        print("Fee:", self.GetTotal())

    @abstractmethod
    def GetTotal(self): pass

#----------------------------------------------
class SalesSecretary(SalesPerson):
    def __init__(self, na, sx):
        super().__init__(na, sx)

    def GetTotal(self):
        return self.base_fee * self.discount - 100

#----------------------------------------------
linda = SalesSecretary("Linda Fan", "Female")
linda.SetFee(5000, 0.7);
linda.display();
```

此程序的输出结果如图 7-7 所示。

```
>>>
 RESTART: C:/Users/Queena/AppData/Local/Pr
on37-32/Ex07-06.py
Fee: 3400.0
>>>
>>>
```

图 7-7

此程序运行如下：

```
linda.display()
```

运行完成后，就转而运行 SalesPerson 类的 display()函数：

```
def display(self):
    print("Fee:", self.GetTotal())
```

然后，继续运行如下命令：

```
self.GetTotal()
```

此时由于 SalesSecretary 类覆写了 GetTotal()函数，于是转而运行 SalesSecretary 类的 GetTotal()函数：

```
def GetTotal(self):
    return self.base_fee * self.discount - 100
```

该程序显示"抽象类 + 默认函数"的组合，产生以下现象。

1. 程序运行时，主控权在抽象类手上

虽然主程序部分仍是程序的启动者，但主要的处理过程在 SalesPerson 的 display()函数内，是它决定调用 GetTotal()函数的。

2. 具象类的函数，主要供抽象类调用

例如，SalesSecretary 类的 GetTotal()函数供 SalesPerson 的 display()函数调用。

3. 由于抽象类掌握主控权，复杂的命令都放在抽象类中

这种方式大大减轻了具象类开发者的负担。

下面再看一个复杂的范例，更凸显抽象类的主控地位，如图 7-8 所示。

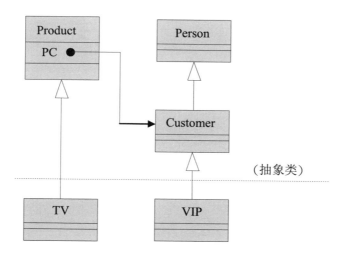

图 7-8

以 Python 表示，代码如下。

#Ex07-07

```
from abc import ABC, abstractmethod

class Person(ABC):
  def __init__(self, na):
     self.name = na
  @abstractmethod
  def display(self): pass

class Customer(Person):
  def display(self):
     print("Customer:", self.name)

class Product:
   def __init__(self, no):
     self.pno = no
   def soldTo(self, cobj):
     self.pc = cobj
   def inquire(self):
     self.disp()
```

```
        print("sold to ...")
        self.pc.display()
    @abstractmethod
    def disp(self): pass


#------------------------------------------------
class VIP(Customer):
    def __init__(self, na, t):
        super().__init__(na)
        self.tel = t
    def display(self):
        super().display()
        print("TEL:", self.tel)


class TV(Product):
    def __init__(self, no, pr):
        super().__init__(no)
        self.price = pr
    def disp(self):
        print("TV No:", self.pno)
        print("Price:", self.price)


#------------------------------------------------
t = TV(1100, 1800.5)
vp = VIP("Peter", "666-8899")
t.soldTo(vp)
t.inquire()
```

运行后，输出结果如图 7-9 所示。

```
>>>
 RESTART: C:/Users/Queena/AppData/Local/Progra
on37-32/Ex07-07.py
TV No: 1100
Price: 1800.5
sold to ...
Customer: Peter
TEL: 666-8899
>>>
>>>
```

图 7-9

该程序凸显抽象类的重要性：

⊙ 程序运行时，主控权在抽象类手上。

虽然主程序部分仍是启动者，但主要的控制逻辑都在 Product 类里面。

● soldTo()负责搭配产品与顾客的关系。

● Inquire()负责调用 TV 的 print()输出产品数据，并调用 VIP 的 display()输出顾客数据。

⊙ 具象类的成员函数，主要供抽象类调用。例如，TV 类的 print()供 Inquire()调用，而 VIP 类的 display()供 Inquire()调用。

⊙ 抽象类掌握主控权。复杂的命令都在抽象类中，其大幅简化了具象类的函数内容。

⊙ 抽象类里的 Inquire()进行反向沟通，它调用子类的 print()，这是同体系内的反向调用。

⊙ 抽象类里的 Inquire()反向调用不同体系的 display()。因 Product 与 VIP 分属不同的类体系，这是跨越体系的反向沟通。

其中，Product 父类设计在先，然后才衍生 TV 子类，而且由不同人设计。那么，为什么 Product 类的 Inquire()能大胆地调用 TV 类的 disp()函数呢？万一 TV 类并无 disp()时，怎么办？答案很简单：

① TV 类必须定义 disp()函数，才能成为具象类。因为 Product 里的 disp()是抽象函数，代码如下。

```
@abstractmethod
def display(self): pass
```

其中的 abstract，提示子类必须补充后，才能成为具象类。

● TV 类成为具象类，才能创建对象，有了对象才能调用 Inquire() 函数。

● 既然 TV 类已覆写 disp() 函数，Inquire()就可以调用它。于是，为 TV 类增添 Print()函数如下。

```
def disp(self):
    print("TV No:", self.pno)
    print("Price:", self.price)
```

运行时，就产生反向调用的现象。

② Product 类的 Inquire() 调用 VIP 类的 display()函数。Product 类与 VIP 类并非同一个类体系，说明如下。

- VIP 类必须是具象类，才能创建对象。
- PC 变量必须参考刚创建的对象。
- 由 PC 所参考的对象来运行其 display()函数。
- Inquire()就通过 PC 而成功地调用 VIP 类的 display()。

这过程有个先决条件：VIP 类必须定义 display()函数才行。否则将会调用 Customer 类的 display()函数，而不是调用 VIP 类的 display()函数。

第 8 章

8

发挥"多态性"

8.1 "多态性"的意义

8.1.1 自然界的多态性

多态性（Polymorphism）在生物学上表示"多种"不同的"形状"，即同种生物中，可分为更细的类，各类之间，外表及行为都有所差异。例如：蜜蜂族群中，含有蜂后、雄蜂、工蜂等不同形状的蜜蜂，它们的职责功能并不相同。此"同中有异"的现象，称为"多态性"，也就是一般生活上大家常说的"多样性"。

日常生活中，常将纸币投入自动贩卖机购买可乐、汽水等。在火车站，很多人从自动售票机上购买火车票。若设计自动售票的软件系统，则与此系统有关的类是：售票机和纸币，如图 8-1 所示。

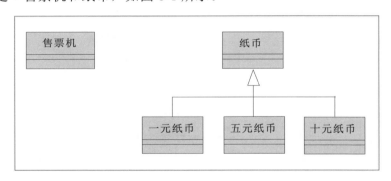

图 8-1

纸币和蜜蜂一样，具有多态性。此时，可设计多个函数，让售票机能接受及分辨纸币体系的对象，如下。

售票机.sell(一元纸币)

售票机.sell(五元纸币)

售票机.sell(十元纸币)

这 sell()为"售票机"类的函数，能接受纸币对象的参考值，然后根据对象的类而自动寻找适当的函数。这不但给予软件设计者方便；更重要的是它也带给使用者很大的方便——无论使用者拥有一元、五元或十元的纸币，均可投入售票机买票。我们可将售票机视为容器，其包容不同类型的纸币。有了多态性，售票机就能对纸币类体系的对象一视同仁。

由于售票机不需要判断纸币的币别，就能算出金额，这大幅降低了售票机系统的复杂度。由于容器是系统整合的重要机制，所以善用多态性能大幅降低系统整合的复杂度，而成为人人喜爱的工具。

8.1.2 多态性物体

"函数覆写"（Function Overriding）观念用来创造多态性对象。函数覆写的方法是：子类覆写父类的函数。由于父类、子类的继承关系，子类是父类中的一种，所以父类、子类为同种；然而被覆写的函数，在父类与子类内的实现代码不同，亦即父类、子类的对象，会有不同的行为。如同蜜蜂族群中，虽为同种，但不同种类的蜂，其外形及职责有所不同。所以上述父类、子类内的对象，称为多态性对象（Polymorphic Object）。如图 8-2 所示为销售人员（部门）与销售经理、销售工程师的父类、子类关系图。

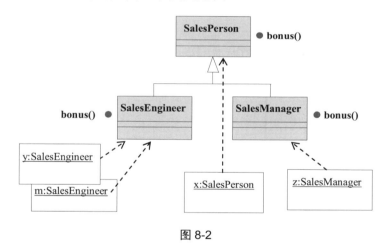

图 8-2

这个类体系（Class Hierarchy）中含有 3 个类，各类有自己的 bonus() 函数。由于函数支持对象的行为，使得不同类的对象，有不同的行为。所以类体系内的对象为同种（同一类体系），但行为不同。这些同类体系的对象，就是"多态性对象"。像 bonus()这种覆写的函数，则称为"多态性函数"，多态性函数通常就是多态性对象都能接受的消息。

设 x、y、z 分别为这三类的对象，则 x、y、z 都能接收此 bonus()消息，命令如下。

```
x.bonus();
```

```
  y.bonus();
  z.bonus();
;
```

但它们分别调用不同的 bonus()函数，多态对象常存在一个数组中，如图 8-3 所示。

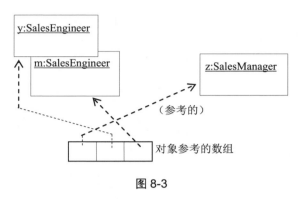

图 8-3

在此数组中，可知销售部门包括一位经理 z 与两位销售工程师 y 及 m。因他们为同部门的人员，故应该放置于同一数组或串行中，然而他们却属于不同的子类。多态性带给软件设计者极大的方便，因为计算机会根据对象的类而自动寻找适当的函数。例如：

```
  z.bonus()
```

因 z 属于 SalesManager 类，计算机自动调用 SalesManager 类内的 bonus() 函数。再如 m.bonus()，因为 m 属于 SalesEngineer 类，计算机就调用 SalesEngineer 类内的 bonus()函数。

基于类体系的覆写函数，计算机按照实际接收 bonus()消息的对象类型决定选取哪一个函数定义。例如：m.bonus()命令的 m 类型为 SalesEngineer，就调用 SalesEngineer 内的 bonus()。由于 bonus()的覆写，使得 z 及 y 对象对于 bonus()的消息有不同的反应，即 z 及 y 有不一样的行为。因此，多态性函数 bonus()让对象 y 和 z 具有多态性。

8.2　多态函数

因为"函数覆写"（Function Overriding）观念创造多态性对象，因此通过类继承机制而形成的父子类之间的"可覆写函数"（Overridable Function），就通称为多态函数（Polymorphic Function）。案例程序代码如下。

#Ex08-01

```python
from abc import ABC, abstractmethod

class SalesPerson(ABC):
  def __init__(self, na, a):
      self.name = na
      self.total_amount = a
  def bonus(self):
    return self.total_amount * 0.008

class SalesEngineer(SalesPerson):
  def bonus(self):
    return super().bonus() + 500

class SalesManager(SalesPerson):
   def bonus(self):
    return super().bonus() + 1000


#-----------------------------------------
z = SalesManager("z's bonus:", 5000)
print(z.name, z.bonus())


y = SalesEngineer("y's bonus:", 10000)
print(y.name, y.bonus())


m = SalesEngineer("m's bonus:", 15000)
print(m.name, m.bonus())
```

此程序的输出结果如图 8-4 所示。

```
>>>
 RESTART: C:\Users\Queena\AppData\Local\Prog
z's bonus: 1040.0
y's bonus: 580.0
m's bonus: 620.0
>>>
>>>
```

图 8-4

8.3　可覆写函数

多态性观念给了软件设计者和用户很多方便。在 OOP 语言里，可以用覆写函数来支持多态性的应用。为了发挥多态性效果，必须了解可覆写函数。在 Python 语言里，一般函数都可被覆写，下面看 Python 的一般函数（即可被覆写的函数）的应用，程序代码如下。

#Ex08-02

```python
from abc import ABC, abstractmethod

class SalesPerson(ABC):
  def __init__(self, a):
      self.total_amount = a
  def bonus(self):
    return self.total_amount * 0.008

class SalesEngineer(SalesPerson):
  def bonus(self):
    return super().bonus() + 500

class SalesManager(SalesPerson):
  def bonus(self):
    return super().bonus() + 2000


#-------------------------------------------
p = []
peter = SalesManager(20000)
alvin = SalesEngineer(80000)
lily = SalesEngineer(90000)
p.append(peter)
p.append(alvin)
p.append(lily)
for i in range(0, 3 , 1):
   print(p[i].bonus())
```

此程序的输出结果如图 8-5 所示。

```
>>>
 RESTART: C:\Users\Queena\AppData\Local\Progr
2160.0
1140.0
1220.0
>>>
>>>
```

图 8-5

父类 SalesPerson 宣告 bonus()为一般（可覆写）的函数,则其子孙类的 bonus()
函数均自动成为一般（可覆写）的函数。于是 bonus()就自动成为此类体系的
多态函数,计算机运行如下命令:

```
print( p[i].bonus() )
```

计算机按照 p[i]所参考对象的类选取适当的 bonus()函数。在这个例子中,
p[1]参考 alvin 对象,alvin 为 SalesEngineer 类的对象,于是此 bonus()函数就是
SalesEngineer 的 bonus()。在上述程序里,peter 是销售部经理,alvin 及 lily 是
销售工程师;他们都是销售部门的员工,可用对象（参考）的数组存储它们的
参考值,如图 8-6 所示。

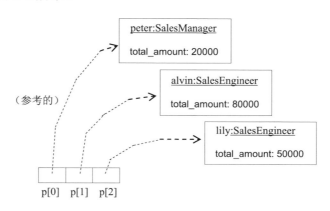

图 8-6

计算机运行 for 循环时,第 1 次 for 循环,i 值为 0,命令"p[i]->bonus()"
与"p[0]->bonus()"等同。

因为 p[0]参考 peter 对象,且 peter 是 SalesManager 的对象,于是计算机
调用 SalesManager 的 bonus()函数计算 peter 的红利。第 2 次循环时,i 值为 1,
命令"p[i]->bonus()"与"p[1]->bonus()"等同。因为 p[1]参考 alvin 对象,且

alvin 为 SalesEngineer 的对象，于是调用 SalesEngineer 的 bonus()函数计算 alvin 的红利。

因此，上述程序可以算出 peter、alvin 及 lily 的红利。此处将上述的主程序改写，代码如下。

#Ex08-03

```python
from abc import ABC, abstractmethod

class SalesPerson(ABC):
    def __init__(self, a):
        self.total_amount = a
    def bonus(self):
        return self.total_amount * 0.008

class SalesEngineer(SalesPerson):
    def bonus(self):
        return super().bonus() + 500

class SalesManager(SalesPerson):
    def bonus(self):
        return super().bonus() + 2000


#-------------------------------------------
def comp_bonus(sp):
    print(sp.bonus())


p = []
peter = SalesManager(20000)
alvin = SalesEngineer(80000)
lily = SalesEngineer(90000)
p.append(peter)
p.append(alvin)
p.append(lily)
for i in range(0, 3 , 1):
    comp_bonus(p[i])
```

　　comp_bonus()的参数是多态对象的参考；sp 的类型为 SalesPerson 参考。此类体系内的对象，均能将其参考传递给 comp_bonus()函数，此程序的输出结果如图 8-7 所示。

```
>>>
 RESTART: C:/Users/Queena/AppData/Local/Program
2160.0
1140.0
1220.0
>>>
>>>
```

图 8-7

　　日常生活中，常将纸币投入自动贩卖机购买可乐、汽水等。若设计自动贩卖机的软件系统，则与此系统有关的类是贩卖机和纸币，如图 8-8 所示。

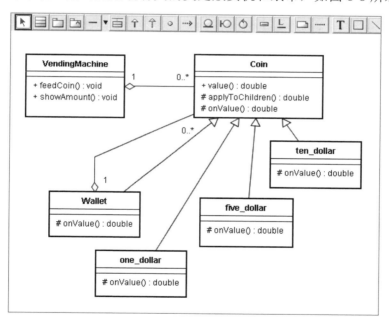

图 8-8

　　纸币像蜜蜂一样，具有多态性，各子类都覆写了 value()函数。此时，可设计 sell()函数，让贩卖机能接受及分辨纸币体系的对象。例如：

```
贩卖机.feedCoin(一美元纸币);
贩卖机.feedCoin(五美元纸币);
贩卖机.feedCoin(十美元纸币);
```

该 feedCoin()函数为"贩卖机"类的函数，能接受纸币的对象参考，然后根据对象的类而自动寻找适当的 onValue()函数。这不但给予软件设计者方便，更重要的是它也给使用者带来了很大的方便，无论使用者拥有一美元、五美元，还是十美元的纸币，都可以投入贩卖机购买物品。

现在，看看如何以 Python 程序代码来落实上面内容的多态性对象，代码如下。

#Ex08-04

```python
from abc import ABC, abstractmethod

class Coin(ABC):
    @abstractmethod
    def onValue(): pass
#-------------------------------------------------
class one_dollar(Coin):
    def onValue(self):
        return 1.0

class five_dollar(Coin):
    def onValue(self):
        return 5.0

class ten_dollar(Coin):
    def onValue(self):
        return 10.0
#-------------------------------------------------
class Wallet:
    def __init__(self):
        self.size = 0
        self.coll = []
    def feedCoin(self, c):
        self.coll.append(c)
        self.size += 1
    def value(self):
        return self.calculate_children_values()
    def calculate_children_values(self):
```

```
        self.mSum =0;
        for i in range(0, self.size , 1):
            self.mSum += self.coll[i].onValue()
        return self.mSum;

class VendingMachine:
    def __init__(self):
        self.mWallet = Wallet()
    def feedCoin(self, c):
        self.mWallet.feedCoin(c)
    def showAmount(self):
        print("amt:", self.mWallet.value())
#-------------------------------------------------
vm = VendingMachine()
coin = five_dollar()
vm.feedCoin(coin)
coin = ten_dollar()
vm.feedCoin(coin)
coin = one_dollar()
vm.feedCoin(coin)
vm.showAmount();
```

此程序的输出结果如图 8-9 所示。

```
>>>
 RESTART: C:/Users/Queena/AppData/Local/Progra
amt: 16.0
>>>
>>>
```

图 8-9

其中，value()函数反向调用了多态性的 onValue()函数，也创造了 value() 函数的多态性。有了多态性，售票机就能对钱币类体系的对象一视同仁地调用 value()函数。由于售票机不需要判断钱币的币别，只要调用 value()函数，就能 计算出金额等，这大幅降低了售票机系统的复杂度。

9

第 9 章

如何设计抽象类

9.1　抽象：抽出共同的现象

前面介绍了 Python 如何表示抽象类，以及如何建立类的继承体系等；都偏向技巧，着重于表达的形式及其准确性。基于前面章节建立的基础，本章进入设计思维层面，说明"如何充分发挥"人类的抽象能力，除上述的正确性外，更追求设计的美感，如设计更优雅的接口、整合出具有整体和谐的软件系统等。

"抽象"（Abstract）一词常常会让人觉得"难以体会"。在软件设计上，如果用户把"抽象"理解为"抽出共同的现象"，就简单明了了。例如，观察两个相似的类，并分辨其相同与不同点，然后把相同点抽离出来，构成父类，即抽象类。就广义上而言，凡是经过下面过程而导出的父类均可称为抽象类。

Step 1，观察几个相似的类。

Step 2，分辨它们的异同点。

Step 3，把它们的相同点抽离出来。

下面通过一个简单的例子说明。两个长方形，分别为直角及圆角，如图 9-1 所示。

首先分辨它们的异同点，然后将其共同部分抽离出来，如图 9-2 所示。

图 9-1　　　　　　　　　　　　　　　图 9-2

我们就称这个过程为"抽象"过程，并称此图形为"抽象图"，其只包含共同的部分，而不同的部分没有显示出来。原有的直角及圆角方形，为完整的图形，称为"具象图或实体图"。一旦有了抽象图，就可复用（Reuse）它衍生出各种具象图，既方便又快捷。

● 用途 1 —— 衍生直角方形。

复制一份抽象图，在图的四角分别加上 ┌、┘、└ 及 ┐，就成为直角图形，如图 9-3 所示。

● 用途 2 —— 衍生圆角方形。

复制一份抽象图，在图的四角分别加上 ⌒、丶、⌒ 及 ⌒，就成为圆角图形，如图 9-4 所示。

- 用途 3 —— 衍生球角方形。

复制一份抽象图，在图的四角各加上●，结果如图 9-5 所示。

图 9-3　　　　　　　图 9-4　　　　　　　图 9-5

上述的例子中，说明了两个重要动作：

- 抽象——从相似的事物中，抽离出共同点，得到抽象的结构。
- 衍生——以抽象结构为基础，添加一些功能，成为具体事物或系统。

同样，在软件方面，也常常做类似的动作：

- 抽象——在同领域的程序中，常含有许多类，这些类有共同点。程序员将类的共同结构抽离出来，称为抽象类。
- 衍生——基于通用结构里的抽象类，添加特殊功能，成为具象类，再创建对象。

所以"抽象类"存在的目的，是衍生子类，而不是通过它本身创建对象。由于抽象类本身不创建对象，所以有些函数并不完整。相反，如果类内的函数，都是完整的，而且要用来创建对象，就称它为具象类。所谓不完整，就是函数的内容有缺失，程序代码如下。

```
class Person:
    ………
    @abstractmethod
    def Display(self): pass
```

这个 Display() 函数内的命令不完整，等待子类补充，代码如下。

#Ex09-01

```
from abc import ABC, abstractmethod

class Person:
```

```
    def SetName(self, na):
        self.name = na


    @abstractmethod
    def Display(self): pass


#----------------------------------------
class Employee(Person):
    def SetName(self, na):
        super().SetName(na)


    def Display(self):
        print("Employee:", self.name)


#----------------------------------------
p = Employee()
p.SetName("Peter Chen")
p.Display()
```

此程序的输出结果如图 9-6 所示。

```
>>>
 RESTART: C:/Users/Queena/AppData/Local/Pro
Employee: Peter Chen
>>>
>>>
```

图 9-6

这里的 Employee 是个子类，已经将 Display()函数填充完整，可用来创建对象，此时 Employee 为具体类（也称为具象类）。

9.2　抽象的步骤

那么，什么时候会出来像 Person::Display()这种抽象的（即内容缺失）函数呢？答案是：在上述步骤中，抽离出共同点时，因为 Display()函数的内容不同，只抽离出函数名称而已。如下例所示。

#Ex09-02

```python
from abc import ABC, abstractmethod

class Customer:
    def SetName(self, na):
        self.name = na

    def Display(self):
        print("Cust:", self.name)

class Employee:
    def SetName(self, na):
        self.name = na

    def SetSalary(self, sa):
        self.salary = sa

    def Display(self):
        print("Emp:", self.name, ", SA:", self.salary)

#-----------------------------------------------------
c = Customer()
c.SetName("Tom Lin")
c.Display()

p = Employee()
p.SetName("Peter Chen")
p.SetSalary(50000)
p.Display()
```

此程序的输出结果如图 9-7 所示。

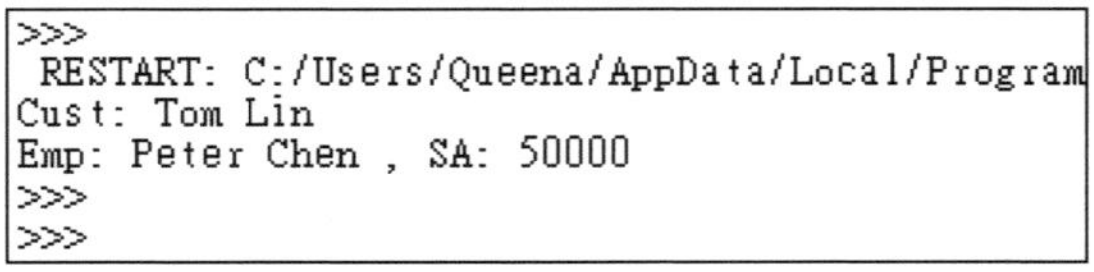

```
>>>
 RESTART: C:/Users/Queena/AppData/Local/Program
Cust: Tom Lin
Emp: Peter Chen , SA: 50000
>>>
>>>
```

图 9-7

这个程序含有两个类：Customer 和 Employee，两者的命令有相同的地方。首先关注其相同部分，把相同的数据成员和成员函数抽离出来，归到父类 Person 中，代码如下：

```
class Person(ABC):
    def SetName(self, na):
        self.name = na
```

最后，将名称相同但内容不同的函数抽离出来，成为抽象函数，代码如下：

```
class Person(ABC):
    def SetName(self, na):
        self.name = na
    @abstractmethod
    def Display(self): pass
```

由于只抽出 Display() 的名称，而缺少内容，这就是抽象函数。于是，Person 就成为抽象类。程序代码如下。

#Ex09-03

```
from abc import ABC, abstractmethod

class Person(ABC):
    def SetName(self, na):
        self.name = na
    @abstractmethod
    def Display(self): pass


#--------------------------------------------------
class Customer(Person):
    def Display(self):
        print("Cust:", self.name)


class Employee(Person):
    def SetSalary(self, sa):
        self.salary = sa

    def Display(self):
```

```
    print("Emp:", self.name, ", SA:", self.salary)

#------------------------------------------------
c = Customer()
c.SetName("Tom Lin")
c.Display()

p = Employee()
p.SetName("Peter Chen")
p.SetSalary(50000)
p.Display()
```

此程序的输出结果如图 9-8 所示。

```
>>>
 RESTART: C:/Users/Queena/AppData/Local/Program
Cust: Tom Lin
Emp: Peter Chen , SA: 50000
>>>
>>>
```

图 9-8

这个 Display()函数变成一个可覆写的函数，于是 Display()就自动成为此类体系的多态函数。在抽象类 Person 里也可以设计一个 Disp()函数调用 Display 多态函数，这就是上一章介绍的"反向调用"。程序代码如下。

#*Ex09-04*

```
    from abc import ABC, abstractmethod

class Person(ABC):
    coll = []
    counter = 0

    def __init__(self, na):
        self.name = na
        Person.coll.append(self)
        Person.counter += 1

    def Disp(self):
        for i in range(0, Person.counter, 1):
```

```
            self.coll[i].Display()


   @abstractmethod
   def Display(self): pass


#--------------------------------------------------
class Customer(Person):
  def Display(self):
     print("Cust:", self.name)


class Employee(Person):
  def SetSalary(self, sa):
     self.salary = sa

  def Display(self):
     print("Emp:", self.name, ", SA:", self.salary)


#--------------------------------------------------
c = Customer("Tom Lin")
p = Employee("Peter Chen")
p.SetSalary(50000)
c.Disp()
print("------------------------")
p.Disp()
```

此程序的输出结果如图 9-9 所示。

```
>>>
 RESTART: C:\Users\Queena\AppData\Local\Program
Cust: Tom Lin
Emp: Peter Chen , SA: 50000
-------------------------
Cust: Tom Lin
Emp: Peter Chen , SA: 50000
>>>
>>>
```

图 9-9

从上述范例中，可归纳出"抽象"的 3 个动作。

● 分辨——明察秋毫，把稳定与善变部分区分出来。

● 封藏——把差异部分的命令封藏于子类中。

● 抽象——把类的共同点抽象出来，成为抽象类。

在 Python 程序上，抽象类必须与具象类合作，才能创建对象提供服务；抽象类和具象类有密切的互动，因而必须熟悉如下两项重要的技能，才能完成这样一个抽象过程：

● 产生抽象类。

● 加入默认（Default）命令，提高弹性，保持共通性。

现在，创建一个抽象类。从一个简单 Python 程序开始，代码如下。

#Ex09-05

```python
from abc import ABC, abstractmethod

class Employee:
    def __init__(self, na, sex):
        self.name = na
        self.sex = sex

    def SetFee(self, fee, disc):
        self.base_fee = fee
        self.discount = disc

    def Display(self):
        mFee = self.base_fee * self.discount
        print(self.name, "'s fee:", mFee)

#-------------------------------------------------
class Customer:
    def __init__(self, na, sex):
        self.name = na
        self.sex = sex

    def SetFee(self, fee, disc):
        self.ann_fee = fee
        self.discount = disc

    def Display(self):
```

```
        mAnnFee = self.ann_fee * self.discount
        print(self.name, "'s fee:", mAnnFee)


#------------------------------------------------
emp = Employee("Tom", "M")
cust = Customer("Lily", "F")
emp.SetFee(1000, 0.9)
cust.SetFee(500, 0.75)
emp.Display()
cust.Display()
```

此程序的输出结果如图 9-10 所示。

```
>>>
 RESTART: C:/Users/Queena/AppData/Local/Pro
Tom 's fee: 900.0
Lily 's fee: 375.0
>>>
>>>
```

图 9-10

当用户看到这两个类——Employee 与 Customer 时，就像看到火锅店里的两张餐桌，有一致的部分，也有差异的部分。类里包含两项重要的部分：数据成员和成员函数。这里先比较数据成员。

9.2.1　Step 1：抽出名称、引数及内容都一致的函数

下面比较成员函数。可看出 Employee 和 Customer 两类的构造函数的参数及内容一样，这里将其抽象到 Person 父类里，代码如下。

```
class Person:
  def __init__(self, na, sex):
     self.name = na
     self.sex = sex
```

其他部分仍留在原类中，以下案例代码和上述程序类似。

#Ex09-06

```
from abc import ABC, abstractmethod

class Person:
```

```
def __init__(self, na, sex):
    self.name = na
    self.sex = sex

#------------------------------------------------
class Employee(Person):
    def SetFee(self, fee, disc):
        self.base_fee = fee
        self.discount = disc

    def Display(self):
        mFee = self.base_fee * self.discount
        print(self.name, "'s fee:", mFee)

#------------------------------------------------
class Customer(Person):
    def SetFee(self, fee, disc):
        self.ann_fee = fee
        self.discount = disc

    def Display(self):
        mFee = self.ann_fee * self.discount
        print(self.name, "'s fee:", mFee)

#------------------------------------------------
emp = Employee("Tom", "M")
cust = Customer("Lily", "F")
emp.SetFee(1000, 0.9)
cust.SetFee(500, 0.75)
emp.Display()
cust.Display()
```

此程序的输出结果如图 9-11 所示。

```
>>>
 RESTART: C:/Users/Queena/AppData/Local/Pro
Tom 's fee: 900.0
Lily 's fee: 375.0
>>>
>>>
```

图 9-11

到此，抽象的结果是得到较高层的 Person 类。

9.2.2　Step 2: 抽出名称相同、参数及内容有差异的函数

这个步骤较为复杂，简要过程说明如下。

● 找出不同点。

● 运用多态函数来尽量吸收不同点。

● 吸收之后，有些原来不相同的函数，会变为相同。

● 将相同的函数提升到高层类中。

其关键在于如何运用多态函数？下面看一个范例，程序代码如下。

#Ex09-07

```python
from abc import ABC, abstractmethod


class Person:
 def __init__(self, na, sex):
     self.name = na
     self.sex = sex


#-----------------------------------------------
class Employee(Person):
    def SetFee(self, fee, disc):
        self.base_fee = fee
        self.discount = disc


    def Display(self):
        mFee = self.base_fee * self.discount
        print(self.name, "'s fee:", mFee)


#-----------------------------------------------
class Customer(Person):
    def SetFee(self, fee, disc):
        self.ann_fee = fee
        self.discount = disc


    def Display(self):
```

```
        mFee = self.ann_fee * self.discount
        print(self.name, "'s fee:", mFee)


#--------------------------------------------------
emp = Employee("Tom", "M")
cust = Customer("Lily", "F")
emp.SetFee(1000, 0.9)
cust.SetFee(500, 0.75)
emp.Display()
cust.Display()
```

此程序的输出结果如图 9-12 所示。

```
>>>
 RESTART: C:/Users/Queena/AppData/Local/Pro
Tom 's fee: 900.0
Lily 's fee: 375.0
>>>
>>>
```

图 9-12

两个类各有一个 Display() 函数。仔细观察后，会发现不同点。

此时，两个类各定义一个 GetFee() 函数来将不同点隐藏起来。于是，Display() 函数变为相同点了，并可置入抽象类中，这时多态函数就可以派上用场。现在为这两个类各定义一个 GetFee() 函数，程序代码如下。

#Ex09-08

```
    from abc import ABC, abstractmethod


class Person():
 def __init__(self, na, sex):
        self.name = na
        self.sex = sex


 def Display(self):
        mFee = self.GetFee()
        print(self.name, "'s fee:", mFee)


@abstractmethod
```

```
    def GetFee(self): pass


#------------------------------------------------
class Employee(Person):
    def SetFee(self, fee, disc):
        self.base_fee = fee
        self.discount = disc


    def GetFee(self):
        return self.base_fee * self.discount


#------------------------------------------------
class Customer(Person):
    def SetFee(self, fee, disc):
        self.ann_fee = fee
        self.discount = disc


    def GetFee(self):
        return self.ann_fee * self.discount


#------------------------------------------------
emp = Employee("Tom", "M")
cust = Customer("Lily", "F")
emp.SetFee(1000, 0.9)
cust.SetFee(500, 0.75)
emp.Display()
cust.Display()
```

此程序的输出结果如图 9-13 所示。

```
>>>
 RESTART: C:/Users/Queena/AppData/Local/Pro
Tom 's fee: 900.0
Lily 's fee: 375.0
>>>
>>>
```

图 9-13

Display()函数变为相同点，可置入抽象类中。此例是让用户了解，通过 GetFee()可覆写函数将差异点覆盖起来，然后将 Display()函数抽象出来，置入到抽象父类里。

9.3　洞悉"变"与"不变"

想得出好的抽象类，就得做好抽象工作，此时的常规操作是洞悉及分离出"变"（或稳定）与"不变"（或善变）；也就是抽离出"稳定"的部分，以抽象类表示，并以具象类表达剩下的"善变"部分。

在前文中，曾经介绍过火锅店案例，对火锅桌子加以观察，会发现除锅的部分不同外，其余相同；于是将锅与桌子分离，得出一致的接口，如图 9-14 所示。

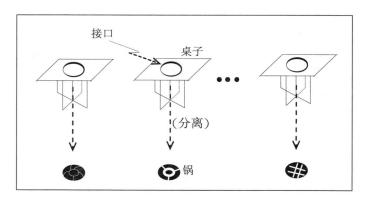

图 9-14

依据同样的思维，下面看一个稍微复杂一点的例子。如有 3 个客人需要的桌子有部分不一样，如图 9-15 所示。

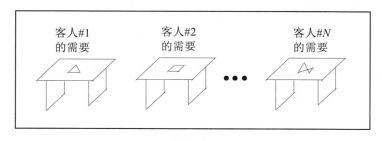

图 9-15

　　因为不一样的部分（变化的部分），其界线并不一致，如果直接将不一样的部分挖空，则无法得出一致的接口，使得架构难以搭配各式各样的多样化小模块。此时可以想象用 3 个大碗将桌子上的不一致部分盖起来，如图 9-16 所示。

　　接着，以大碗的边缘为界线，得出一个接口，让多样化的部分通过该接口与桌子结合，如图 9-17 所示。

图 9-16

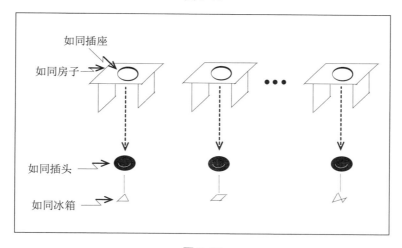

图 9-17

　　从这个简单的例子中，应该能体会到设计抽象类的基本思维：细心分清稳定与善变的界线，将其"分"离开来成为两种不同的模块（即类），然后随着客人多样性的需求而将模块组"合"成为各式各样的产品（即系统）。

　　火锅桌子模块是"实"的，在桌面上挖一个洞后，得到一个接口，此接口塑造出一个"虚"的空间，此虚的空间可用来容纳多样性的小模块——石头火锅、韩国碳烤等，而这些小模块也是"实"的。其积极效果就是日后可按照新环境的条件而加以调整、充实，使其具有各种各样的用途，如图 9-18 所示。

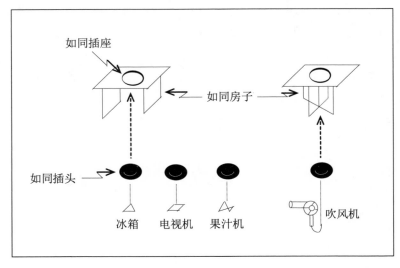

如同插座

如同房子

如同插头

冰箱　电视机　果汁机　　　吹风机

图 9-18

例如畚箕的中间是空、虚的，才能装泥土、垃圾等各式各样的东西。此外，畚箕中间的空间，创造了畚箕的复用性，装完了泥土并倒掉后，还可拿来装垃圾，不断进行循环使用，一直到坏掉为止。用户也可以深刻体会到软件模块设计的思维，将稳定与善变的部分"分"离开，在稳定的基础结构上塑造出虚的空间，来容纳多样性的（善变的）小模块，组"合"成各式各样的产品。

例如，新的电器只要有统一的接口，就可以与房子结合，增加房子的新功能。电器的生产者不必管房子的形式，只要接口符合就能尽情设计生产新的电器，使得电器种类迅速增加。

同样，房子的开发商也不必管电器的种类，房子只要提供标准的接口就行，所以房子也可以迅速增加，为电器创造更多的使用场合。

9.4　着手设计抽象类

上一节所举的例子，都是日常生活中的经验，其设计思维很容易对应到软件上，如有两个 Python 类，各代表学生注册领域里的概念："大学生"与"研究生"，代码如下。

#Ex09-09

```
    from abc import ABC, abstractmethod


class UnderGraduate():
 def __init__(self, na):
        self.name = na


    def ComputeTuition(self, credit):
        if credit > 6:
            credit = 6
        return (credit -1) * 500 + 5000


#-----------------------------------------------
class Graduate():
 def __init__(self, na):
        self.name = na


    def ComputeTuition(self, credit):
        if credit > 6:
            credit = 6
        return credit * 700 + 5000


#-----------------------------------------------
Lily = UnderGraduate("Lily Wang")
t1 = Lily.ComputeTuition(5)
print("Lily:", t1)


Peter = Graduate("Peter Sung")
t2 = Peter.ComputeTuition(7)
print("Peter:", t2)
```

　　此程序计算出大学生 Lily 和研究生 Peter 的学费，结果如图 9-19 所示。

　　上述程序没有分清接口，无法创造分合自如的机会和效果。现在，就运用前面介绍的"抽象"步骤来设计接口，并实现 PnP（分合自如）的效果。比较上述的两个类，找出其不一样（即"变"的部分）的地方。

```
>>>
 RESTART: C:\Users\Queena\AppData\Local\Pro
Lily: 7000
Peter: 9200
>>>
>>>
```

图 9-19

- "大学生"类里的命令：（credit-1）×500。
- "研究生"类里的命令：credit×700。

于是，该程序就能分离出：学生接口和学费接口、学生类和学费类等，代码如下。

#Ex09-10

```python
from abc import ABC, abstractmethod

class Tuition(ABC):
    @abstractmethod
    def GetValue(self, credit): pass

class UTuition(Tuition):
    def GetValue(self, credit):
        return (credit -1) * 500

class GTuition(Tuition):
    def GetValue(self, credit):
        return credit * 700

#-----------------------------------------------
class UnderGraduate():
    def __init__(self, na):
        self.name = na

    def Setter(self, tuiObj):
        self.tc = tuiObj

    def ComputeTuition(self, credit):
        if credit > 6:
            credit = 6
```

```
        return self.tc.GetValue(credit) + 5000


#-------------------------------------------------
class Graduate():
 def __init__(self, na):
       self.name = na

 def Setter(self, tuiObj):
       self.tc = tuiObj

 def ComputeTuition(self, credit):
     if credit > 6:
           credit = 6
     return self.tc.GetValue(credit) + 5000


#-------------------------------------------------
Lily = UnderGraduate("Lily Wang")
under_tui = UTuition()
Lily.Setter(under_tui)
t1 = Lily.ComputeTuition(5)
print("Lily:", t1)


Peter = Graduate("Peter Sung")
grad_tui = GTuition()
Peter.Setter(grad_tui)
t2 = Peter.ComputeTuition(7)
print("Peter:", t2)
```

在这个程序里，将差异点包装在两个子类（即 UTuition 和 GTuition）里，两者有其共同的父类（即 Tuition），形成一个类体系。并且定义了一个多态函数 GetValue()来包装其差异点。运行如下命令：

```
Lily = UnderGraduate("Lily Wang")
    under_tui = UTuition()
    Lily.Setter(under_tui)
```

创建 Lily 对象和 under_tui 对象，并且调用 Setter()函数让 Lily 对象

包含 under_tui 对象。接着，运行如下命令：

```
t1 = Lily.ComputeTuition(5)
```

此时 Lily 对象就调用 under_tui 的 GetValue()函数去计算学分费用。于是，此程序计算出大学生 Lily 和研究生 Peter 的学费，结果如图 9-20 所示。

```
>>>
 RESTART: C:/Users/Queena/AppData/Local/Programs/
Lily: 7000
Peter: 9200
>>>
>>>
```

图 9-20

仔细观察上述代码，会发现两个类（即 UnderGraduate 和 Graduate）的内容已经变成一样，于是可以合并成为一个 Student 类，程序如下。

#Ex09-11

```python
from abc import ABC, abstractmethod

class Tuition(ABC):
  @abstractmethod
  def GetValue(self, credit): pass

class UTuition(Tuition):
    def GetValue(self, credit):
        return (credit -1) * 500

class GTuition(Tuition):
    def GetValue(self, credit):
        return credit * 700


#------------------------------------------------
class Student():
 def __init__(self, na):
        self.name = na
```

```
def Setter(self, tuiObj):
    self.tc = tuiObj


def ComputeTuition(self, credit):
    if credit > 6:
        credit = 6
    return self.tc.GetValue(credit) + 5000


#----------------------------------------------------
Lily = Student("Lily Wang")
under_tui = UTuition()
Lily.Setter(under_tui)
t1 = Lily.ComputeTuition(5)
print("Lily:", t1)

Peter = Student("Peter Sung")
grad_tui = GTuition()
Peter.Setter(grad_tui)
t2 = Peter.ComputeTuition(7)
print("Peter:", t2)
```

此程序的输出结果如图 9-21 所示。

```
>>>
 RESTART: C:/Users/Queena/AppData/Local/Programs/
Lily: 7000
Peter: 9200
>>>
>>>
```

图 9-21

这就是多态函数的常见用法，其可以大幅降低软件系统的复杂程度。

第 10 章

接口与抽象类

10.1　接口的意义

变化是世界发展的本质，生物必须不断地进化才能适应外在环境的变化，否则在"适者生存"的自然法则下，就会被淘汰。生物在适应环境变化的法宝是：自身会明确分为"稳定""常变化"及"快速变化"等不同组织，来与外界环境互动并调整自己，以便在新环境中取得有利的生存空间。例如，树干很稳定，树枝经常变化，树叶随着四季交替不断代谢。树枝支持树叶取得阳光最充足的空间，树干则支持树枝不断成长。

仔细区分稳定与善变，会呈现出界线，就称为接口。例如车轮的外胎是善变的部分；为了便于更换外胎，则轮框与外胎之间含有个明确的界线（接口）。

同理，汽车的轮胎是善变的部分；为了便于更换整个轮胎，则车体与轮胎之间有个明确的界线（接口），就是轮盘。

在软件开发上，设计接口就是把软件里善变的部分封装于接口内，有必要时，就把接口内的善变部分更换掉，为软件增添活力。接口规划良好，就易于更换，也易于后期整合。

区分稳定与善变的重要性之后，剩下的就是如何找到善变的部分。留心观察，就会发现在不同场合使用软件时，哪些部分必须经常更换，哪些部分偶尔更换，哪些部分很稳定等。就像汽车行驶在一般街道、高速公路和雪地 3 种场合时，轮子外胎明显是最经常更换的部分，外胎与整部车子就必须有明确的接口，且越简单越容易更换。再以时间维度来言，随着时间的演变，哪些部分需要时常更新。就像汽车虽在街道环境中行驶，轮子外胎易磨损所以必须经常更换，更换就是把旧外胎"分"离出来，然后将新外胎与汽车整"合"起来。

由于沟通都通过接口，所以必须遵循接口的规定，使得对象内部细节与其他对象的内部细节之间呈现出一定的独立性。一旦必须更换掉某个对象时，不会造成牵一发而动全身的现象。既然对象易于更换，那么把软件中善变的部分包装隐藏在对象的内部，对象接口就成为善变与稳定部分的明确界线，软件就像有生命的树木一样，能在快速变化的气候环境中保持稳定。

在这里，把接口与类继承体系这两个概念紧密联系起来，特点如下。

- 接口代表一个空间，凡支持该接口的类体系对象都落在该空间中。例如，凡支持两脚插头的电器对象都属于"两脚插头"所代表的空间。
- 凡属于该空间的对象都具有替代性。如台灯坏了，可以用落地灯来替换。

● 该接口的客户端可与该空间的任何对象分合自如，从而创造无数个机会。

由于接口代表一个空间，例如插头和插座各代表一个空间或族群（如一个类继承体系）。插头与插座两个族群能各自发展，只要接口一致，就能顺利对接。例如电器从业者可以推出更多种类电器，使得电器体系能无限成长。这两族群在独立发展的过程中，其接口维持不变，保持其替换性和整合性（即兼容性）即可。所以，新型电器即可插在新型插座上，也可以和原来的插座搭配使用。刚才是从消费者的立场考虑，其实这样对生产者也有好处，生产者不用再考虑插座的内部构造，因为不管插座内部如何变化，只要接口一致即可。另一方面，生产插座者也不必了解电器的种类及内部构造，只要提供一致的接口——双脚插头即可。因此，消费者、电器制造者及插座制造者三方都从中获得益处。

10.2 以 Python 抽象类来实现接口

一个对象能有多个接口，而且数个对象可以使用同一接口。由于有不同的接口，对象就适用于不同的环境，提高了对象的复用性。也由于数个对象有共同的接口，这些对象就具有了互换性，让软件的维护更加容易。例如，类体系如图 10-1 所示。

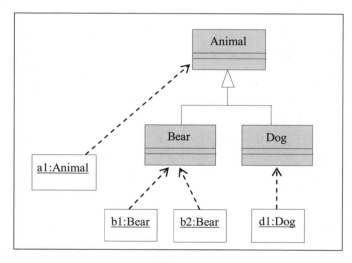

图 10-1

Dog 类的公用数据项和函数就是 d1 对象的接口。Bear 类的公用部分就是

b1 对象的接口，也是 b2 对象的接口，所以 Bear 类定义了 b1 及 b2 对象的接口，而 Dog 类定义其对象（如 d1）的接口。还有，Animal 类的公用部分被继承而包含在 Bear 类的定义中，也被继承而包含在 Dog 类定义中。换句话说，Animal 定义了 a1、b1、b2 及 d1 各对象的共同接口。使得 d1 有两个接口，分别是 Dog 和 Animal 定义。b1 和 b2 等对象也有两个接口，分别是由 Bear 和 Animal 类定义。假设有两个应用程序，分别使用 Animal 及 Bear 接口，如图 10-2 所示为 App（即 Client）通过接口来使用对象。

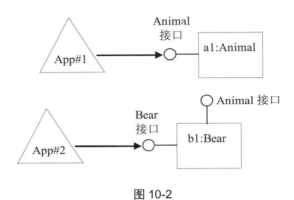

图 10-2

其中，App#1 使用 Animal 接口调用 a1 对象；App#2 使用 Bear 接口调用 b1 对象。由于 Animal 接口也是 b1 对象的接口，所以可拿 b1 来替代 a1。反之，a1 则无法替代 b1，原因是 App#2 使用 Bear 接口，但 Bear 接口并非 a1 的接口，所以 App#2 无法调用 a1 对象。即 b1 对象提供两个接口，它能跟两个应用程序沟通；a1 与 b1 对象提供相同的接口，所以能互相替换。再看下面一个例子，使用 Python 的抽象类来定义一个新接口：跳舞（IDance），程序代码如下。

#Ex10-01

```python
from abc import ABC, abstractmethod

class IDance(ABC):
    @abstractmethod
    def dance(self): pass

    @abstractmethod
    def sing(self): pass
```

```python
class Bear(IDance):
    def dance(self):
        print("Bear is dancing.")
    def sing(self):
        print("Bear is singing.")


class Dog(IDance):
    def dance(self):
        print("Dog is dancing.")
    def sing(self):
        print("Dog is singing.")
#---------------------------------
class DancerFactory:
    def Create(self):
        return Dog()
#---------------------------------
factor = DancerFactory()
dancer = factor.Create()
dancer.dance()
dancer.sing()
```

此程序输出结果如图 10-3 所示。

```
>>>
 RESTART: C:/Users/Queena/AppData/Local/Prog
Dog is dancing.
Dog is singing.
>>>
>>>
```

图 10-3

主程序里只用到 DancerFactory 类和 IDance 接口的两个函数：dance()和 sing()，而没有用到 Bear、Dog 等类名称。这为程序提供了极大的拓展性，如能随时更改 Bear 和 Dog 类的名称，代码如下。

#Ex10-02

```python
from abc import ABC, abstractmethod

class IDance(ABC):
    @abstractmethod
```

```
    def dance(self): pass


    @abstractmethod
    def sing(self): pass

class Bear(IDance):
  def dance(self):
    print("Bear is dancing.")
  def sing(self):
    print("Bear is singing.")


class Snoopy(IDance):
  def dance(self):
    print("Snoopy is dancing.")
  def sing(self):
    print("Snoopy is singing.")
#--------------------------------
class DancerFactory:
  def Create(self):
    return Snoopy()
#--------------------------------
factor = DancerFactory()
dancer = factor.Create()
dancer.dance()
dancer.sing()
```

此程序的输出结果如图 10-4 所示。

```
>>>
 RESTART: C:/Users/Queena/AppData/Lo
Snoopy is dancing.
Snoopy is singing.
>>>
>>>
```

图 10-4

Dog 名称可以改为 Snoopy，而内部命令也同步更新，且不影响主程序。这使得组件的更换成本大幅降低，提升了软件的可用性。

由于 Bear 与 Dog 类都提供一致的接口：IDance，所以可调换对象。即凡是支持 IDance 接口的对象都可以互换，例如 Dog 与 Bear 对象，但不能用 Animal 对象来替换 Dog 对象，因为 Animal 对象没有提供 IDance 接口。如果一定要改用 Animal 对象，主程序部分内部就必须调整，这增加了对象调换的成本。

综上所述，两个对象若提供相同的接口，它们能互相替换，例如随身听音响的电池常不断更换，当用户去购买新电池时，必定会指明是购买同一型号（同样大小）的电池。就是因为同一型号的电池与其随身听音响的接触面（即接口）一样，它们具有共同的接口，就能与随身听完美结合。如家里的灯泡坏了，在购买新灯泡之前，一定会先看看旧灯泡的灯帽是几号的，只要购买具有同样大小灯帽的灯泡，就必然可以装上旧的灯座。其原因是：灯帽是灯泡与灯座的接触面（接口），只要接口相符合，旧灯泡就能安装在旧灯座上。

在软件上也一样，当我们"买"来一个对象，并加载到 Python 应用程序，有一天想"买"个功能较强的对象替换原来的对象时，必须要求新对象的接口与旧对象的接口相同，才能顺利替换。两个 Python 应用程序共享一个坐落在网络远程的对象 a，如图 10-5 所示。

也就是说，App#1 会与对象 a 做远距离沟通，同时 App#2 也会与对象 a 做远距离沟通。在这种 Web-based 分布式系统里，App#1、App#2 程序与对象 a 很可能是由不同的人员设计与维护。随着时间的进展，对象 a 很可能会做修正，在这修正过程中，只要不更改对象 a 的接口，就不需要通知 App#1 或 App#2 的维护人员，因为对 App#1 和 App#2 程序不会有影响。甚至，拿一个新对象 b 来替换对象 a，只要两者接口一致，也不会影响 App#1 和 App#2 程序，如图 10-6 所示。

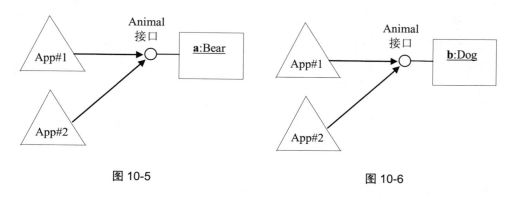

图 10-5   图 10-6

这样能给对象 a 或 b 的维护人员常来方便，也为 App#1 和 App#2 的维护人员减少许多困扰。因此，共同接口能让对象灵活更换，大幅提升软件的适用性。

从上述的说明里，可以体会到，自然界的个体（如对象或类）及整体（如系统）常会变化与成长。例如我们身边的树木，其枝干不断长大或变高，叶子也会长大或掉落再生。由于树的"基因"决定着个体间的互助合作关系，因此各部分（即对象）的成长中，仍维持不变的合作方式，也维持着树的整体。

人造物品也不例外，例如房屋及小区，不断地变化，由于文化传统的作用，小区常维持着固定一致的风格。

其中，接口扮演了关键角色：接口代表一个空间。例如家里书桌上的台灯是客户端，而其中的灯泡是服务端。台灯以相同的接口把电流传给灯泡而使其发光。有一天灯泡坏掉了，而用户为了省电而买了一个节能灯泡，装在台灯上，台灯仍然以同样的接口及方式把电流传递给灯泡。这含有 3 项重要的特性：

- 台灯以同样的接口与不同的灯泡沟通。
- 台灯不会因其灯泡坏掉而废弃不用，只要更换新灯泡，台灯的生命就可以延续，也就是重复使用台灯对象，而台灯对象还能长期使用。
- 台灯本身与灯泡是独立的，因此可以分别由不同的人来设计，设计时双方各自遵循一致的接口规格即可。

接口能让台灯与灯泡"分"工生产，又能随时装配组"合"起来，成为一个和谐的整体。所以接口除让两方独立成长外，还创造出和谐的整体。例如，我们通过的十字路口都设有"红绿灯和斑马线"，它成为人与车之间的接口，让交通变得更加通畅。

10.3　接口设计实例一：并联电池对象

10.3.1　不理解原理但也能用

设计工作含有艺术成分，设计师不同设计的结果也不同。这个案例从技术角度来分析设计带来的经济效益——"不理解原理但也能用"角度来讨论接口的设计境界。

在编写 Python 程序时，经常会用到 Numpy、Matplotlib 或 Pandas 里的许多类（或对象），它们也都伴随着接口。对 Python 程序员而言，设计类（也就是决定应该撰写那些类）并不难。然而，设计接口（也就是决定该定义那些接口）就需要一定的创意，因此会难倒不少人。

事实上，只要用户理解"不知而亦能用"的经济效益，就可迎刃而解。对象本身分为：稳定的外观接口与善变的内部实现。对象 A 的设计者，只需要思考对象 B 的接口，但不需要理解对象 B 如何实现。

就像我们不知道 Intel CPU 的内部设计，但只要知道其接口就能使用。要知道，Intel CPU 内有 Intel's Design Inside！其内部实现细节价值连城，Intel 可以让用户拥有 CPU（也知道 CPU 接口的用法），但不会让用户掌握 CPU 内部的设计思维！

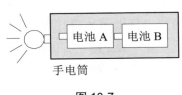

图 10-7

日常生活中，大家应该都用过手电筒、电池、灯泡等对象，手电筒是大对象，其内包含有电池、灯泡等小对象，如图 10-7 所示。

电池对象有其接口，所以能串联起来，也能与手电筒衔接。灯泡也有接口，所以能跟手电筒衔接，接口如图 10-8 所示。

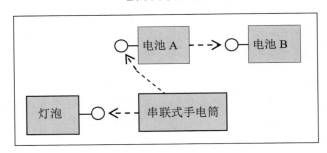

图 10-8

此外，上述的电池也能配合不同的手电筒而做并联组合，如图 10-9 所示。

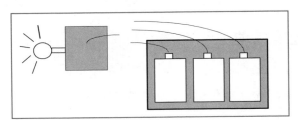

图 10-9

以接口图标表达如图 10-10 所示。

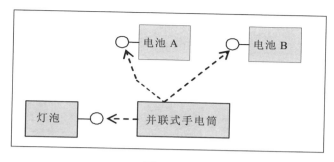

图 10-10

接下来说明如何创造接口和对象，并享受"不理解原理但也能用"的妙处。

10.3.2　实现步骤

从图 10-10 所示可以看出手电筒、电池和灯泡之间的关系。首先从简单的并联式电池对象入手，在并联式手电筒里，手电筒是电池对象的 Client，所以电池对象只需提供接口给手电筒对象使用即可。

此实例中，采用纯粹抽象类，想象电池继承体系有个纯粹抽象类，如图 10-11 所示。

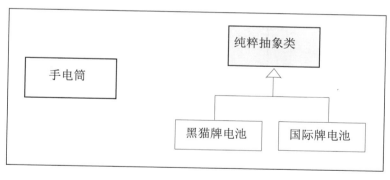

图 10-11

接着，将纯粹抽象类对应到接口，如图 10-12 所示

依据这个接口设计，用 Python 来实现如下功能。首先定义一个 IPower 接口，定义两个类：PanasonicCell 和 CatCell，程序代码如下。

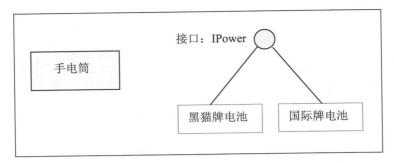

图 10-12

#Ex10-03

```
    from abc import ABC, abstractmethod

class IPower(ABC):
    @abstractmethod
    def GetPower(self): pass

class PanasonicCell(IPower):
    def __init__(self):
        self.pw = 2

    def GetPower(self):
        return self.pw

class CatCell(IPower):
    def __init__(self):
        self.pw = 3

    def GetPower(self):
        return self.pw
#-------------------------------------------------
class FlashLight:
    def __init__(self):
        self.cell_list = []
        self.index = 0
```

```
    def AddCell(self, cp):
        self.cell_list.append(cp)
        self.index += 1


    def Power(self):
        mSum = 0;
        for i in range(0, self.index, 1):
           mSum += self.cell_list[i].GetPower()
        return mSum
#---------------------------------------------
light = FlashLight()
cell = CatCell()
light.AddCell(cell)
print(light.Power())
print("----------------")
cell = PanasonicCell()
light.AddCell(cell)
cell = CatCell()
light.AddCell(cell)
print(light.Power())
```

　　首先创建 FlashLight 手电筒对象，再把两颗 CatCell 黑猫电池装入到手电筒；然后再将一个 PanasonicCell 国际牌电池装入手电筒，手电筒计算出总电量并显示出来。一个黑猫牌电池的电量是 3，而一个国际牌电池的电量是 2，所以总电量是 8，运行结果如图 10-13 所示。

```
>>>
 RESTART: C:/Users/Queena/AppData/Local/Progr
3
----------------
8
>>>
>>>
```

图 10-13

　　一样电池的接口设计，能适用于不同结构的并联式手电筒。也展示了不理解原理但也能用的效果：

　　（1）电池以相同的接口把电流传给手电筒而使灯泡发光。如有一天电池没电了，买个接口一样的新电池就能随时更换。

（2）一样的电池对象适用于不同样式的手电筒，不论手电筒的厂家，也不论手电筒的内部结构。

可以想象，电池对象与手电筒对象都是由互相之间不认识的人设计的。如果你是电池对象的设计者，那么责任就是：设计通用的电池对象，适用于不同厂家的手电筒；如果你是手电筒的设计者，你可以随时挑选不同厂家的电池对象，装入你手机的手电筒里使用。

10.4 接口设计实例二：串联电池对象

10.4.1 基本设计

最常见的手电筒都是串联式，如图 10-14 所示。

图 10-14

其接口结构形式如图 10-15 所示。

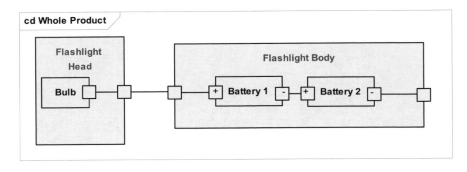

图 10-15

本节不讨论灯泡（或灯头）接口的设计，而把焦点放在 Flashlight Body 和 Battery Cell 两者的接口设计上，如图 10-16 所示。

再将其分为两个对象，即 Battery Cell 和 Flashlight Body。于是得出两个类：手电筒（FlashLight Body，简称 FlashLight）类和 Battery Cell（简称 Cell）类，如图 10-17 所示。

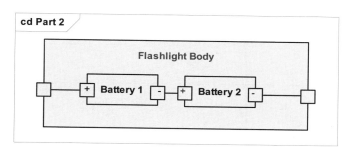

图 10-16

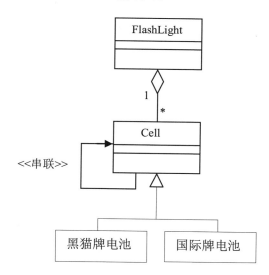

图 10-17

接下来，只要有精致的接口设计，就能随时组合出串联式手电筒。

10.4.2　实现步骤

此案例中，想象有两个纯粹抽象类，如图 10-18 所示。

接着，将纯粹抽象类对应到接口，如图 10-19 所示。

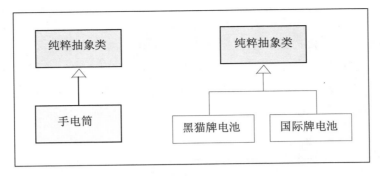

图 10-18

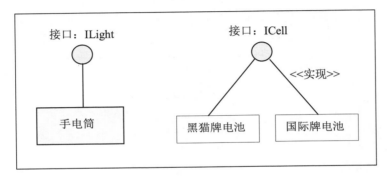

图 10-19

依据这个接口设计，用 Python 代码来实现。定义合乎 ICell 接口的电池类如下：PanasonicCell 和 CatCell，程序代码如下。

#Ex10-04

```
    from abc import ABC, abstractmethod

class ICell(ABC):
    @abstractmethod
    def GetPower(self): pass
    @abstractmethod
    def  SetLinkToNext(self, nc): pass

class ILight(ABC):
    @abstractmethod
    def AddCell(self, cp): pass
    @abstractmethod
```

```
    def  Power(self): pass
#-------------------------------------------
class PanasonicCell(ICell):
  def __init__(self):
      self.pw = 10
      self.next_cell = None
  def SetLinkToNext(self, nc):
      self.next_cell = nc
  def GetPower(self):
      if self.next_cell == None:
          return self.pw
      else:
          return self.pw + self.next_cell.GetPower()

class CatCell(ICell):
  def __init__(self):
      self.pw = 5
      self.next_cell = None
  def SetLinkToNext(self, nc):
      self.next_cell = nc
  def GetPower(self):
      if self.next_cell == None:
          return self.pw
      else:
          return self.pw + self.next_cell.GetPower()
#-------------------------------------------
class FlashLight:
  def __init__(self):
      self.head = None
      self.tail = self.head
  def AddCell(self, cp):
      if self.head == None:
          self.head = cp
          self.tail = self.head
      else:
          self.tail.SetLinkToNext(cp)
```

```
        self.tail = cp
    def Power(self):
        return self.head.GetPower()
#----------------------------------------------
light = FlashLight()
cell = CatCell()
light.AddCell(cell)
print(light.Power())
print("-----------------")
cell = PanasonicCell()
light.AddCell(cell)
cell = CatCell()
light.AddCell(cell)
print(light.Power())
```

先创建一个手电筒对象，把电池装入手电筒里。例如，将一颗黑猫牌电池装入手电筒，再装入一颗黑猫牌电池及一颗国际牌电池，则显示出的总电量如图 10-20 所示。

```
>>>
 RESTART: C:/Users/Queena/AppData/Local/Program
5
-----------------
20
>>>
>>>
```

图 10-20

一颗黑猫牌电池的电量是 5，而一颗国际牌电池的电量是 10，所以总电量是 20。

10.4.3 总结

刚才设计的电池既能适用于并联式手电筒，也适用于串联式手电筒，且能随时更换。电池不但提供接口给手电筒，也提供接口给别的电池，使得电池设计人员进行接口设计时必须进行更多地考虑。

基于共同的 ICell 接口，各家电池厂商都能各自开发出符合接口的电池，凡是符合 ICell 接口的电池，都具有多态性，所以能互相串联起来，也能互相替换。这些电池对象也适用于并联的手电筒，因用途增多，电池的经济价值也同步提升。

设计出多态性对象，像电池一样能随时更换。为达成这个目标，必须在设计当初，就考虑替换时的要点，而不是想把它用到其他场合。自然界中，也喜欢淘汰旧对象再生新对象，如壁虎巴被其他动物咬住尾巴时，会立即断尾逃生。壁虎干净利落地丢弃旧对象，然后复用没有被咬住的身体，长出新尾巴（对象），"恢复"成一只完整的壁虎。

这也符合工业法则，例如汽车的轮胎（对象）需要换掉，不要想去复用轮胎对象。换掉坏轮胎，等于再生一部汽车，也即能再利用整部汽车的其他好组件（又称模块），价值极大。换掉坏轮胎，而装上新轮胎，等于使用了未来所有潜在可用的模块，所以积极换掉旧对象，等于积极再利用未来潜在的新对象。

能低成本地换掉坏组件，就能给软件系统带来弹性及生命力，其对象的新陈代谢也就更为顺畅。

10.5　接口设计实例三：Chain Of Responsibility设计模式

模式（Pattern）是某个领域（例如建筑业或软件业）里的专家针对该领域经常出现的问题而给出的常见解决之道（Solution）。例如，围棋有棋谱、烹饪有食谱、武功有招式等，都是专家和高手的经验心得。由于它经常出现，所以具有学习和推广的价值。因为是从实务经验中提炼而得，所以具有良好的实用价值。而且因为出自专家，所以解决方法的质量很高。模式确保对象设计的质量，也是人们经验智慧的积累，构建出稳定的接口和弹性的系统。在本节中，将使用 COR（Chain Of Responsibility）设计模式的接口设计技巧。从 Gamma 的 *Design Patterns* 一书里可得知 Chain Of Responsibility 模式的构造，如图 10-21 所示为 **COR** 模式的基本结构。

在这个结构里，对象也是串联的，图 10-21 所示的 successor 属性就相当于前面电池对象例子里的 next_cell 属性，用来连接两个电池对象，以便形成电池对象之间的串联关系。

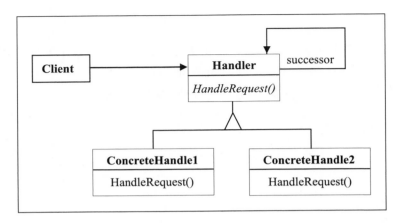

图 10-21

虽然上面是一般的类继承关系，但我们也能加上接口，形成继承和接口共存的结构，这让 Client 程序或对象不必知道有 Handler 父类的存在，就能享受 Handler 父类的服务，这也是"不理解原理但也能用"的效果之一。如图 10-22 所示为使用 **COR** 模式的手电筒架构设计。

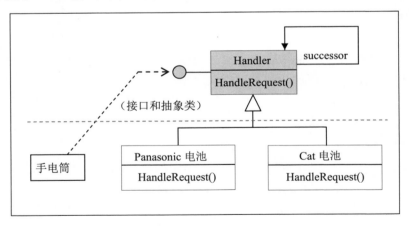

图 10-22

接下来，将抽象类对应到接口，如图 10-23 所示为使用 COR 模式的手电筒接口设计。

接下来设计接口，以便随时组合出串联式手电筒。在程序里，将定义两个接口：IHandle、ILight，以及一个 Handle 抽象类和一个 FlashLight 类，程序代码如下。

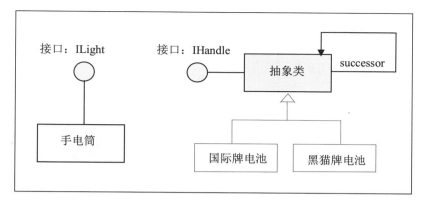

图 10-23

Ex10-05

```python
from abc import ABC, abstractmethod

class IHandle(ABC):
    @abstractmethod
    def HandleRequest(self, request): pass

    @abstractmethod
    def SetSuccessor(self, nc): pass

class ILight(ABC):
    @abstractmethod
    def AddCell(self, cp): pass
    @abstractmethod
    def Power(self, message): pass
#---------------------------------------------
class Handle(IHandle):
    def __init__(self):
        self.successor = None
        self.pw = 0

    def SetSuccessor(self, nc):
        self.successor = nc
```

```python
    def HandleRequest(self, request):
        if self.RequestForMe(request) == True:
            if self.successor == None:
                return self.pw
            else:
                return self.pw + self.successor.HandleRequest(request)
        else:
            if self.successor == None:
                return 0
            else:
                return self.successor.HandleRequest(request)

    @abstractmethod
    def RequestForMe(self, request): pass


class PanasonicCell(Handle):
    def __init__(self):
        super().__init__()
        self.pw = 10

    def RequestForMe(self, msg):
        if msg == "Pan" or msg == "All":
            return True
        else:
            return False


class CatCell(Handle):
    def __init__(self):
        super().__init__()
        self.pw = 7

    def RequestForMe(self, msg):
        if msg == "Cat" or msg == "All":
            return True
        else:
```

```python
            return False
#------------------------------------------------
class FlashLight:
    def __init__(self):
        self.head = None
        self.tail = self.head
    def AddCell(self, cp):
        if self.head == None:
            self.head = cp
            self.tail = self.head
        else:
            self.tail.SetSuccessor(cp)
            self.tail = cp
    def Power(self, message):
        if self.head == None:
            return 0
        else:
            return self.head.HandleRequest(message)
#------------------------------------------------
light = FlashLight()

pp = PanasonicCell()
light.AddCell(pp)
cc = CatCell()
light.AddCell(cc)

cc2 = CatCell()
light.AddCell(cc2)
pp = PanasonicCell()
light.AddCell(pp)

print(light.Power("All"))
#print("----------------")
print(light.Power("Cat"))
#print("----------------")
print(light.Power("Pan"))
```

一开始，把电池装入手电筒，而手电筒计算出总电量，并显示出来。两颗黑猫牌电池的电量是 14，而两颗国际牌电池的电量是 20，所以总电量是 34，结果如图 10-24 所示。

```
>>>
 RESTART: C:\Users\Queena\AppData\Local\Programs\Python\Py
34
14
20
>>>
>>>
```

图 10-24

这个程序建立出下述的对象链（Object Chain），并负责不同的任务，所以称为 Chain Of Responsibility，如图 10-25 所示为电池的对象链。

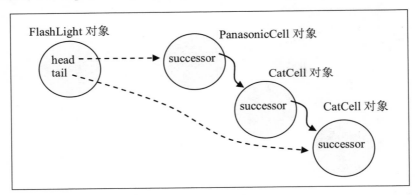

图 10-25

每一个对象都利用一致的接口将后面的对象包起来，统称为把变化（Change）封装起来，确保对象内部的变化不受外部的干涉，也不会对外部对象产生"牵一发而动全身"的涟漪效应。

第 11 章

11

不插电学 AI

11.1 "不插电学AI"的意义

所谓不插电或不接入网络（un-plugged or un-network），即在科技时代里，不连接电或网络进行"运算思维"。"运算思维"是现代人的重要素养之一，可以增加个人的未来竞争力，对于提升个人的信息运算思维、技术、沟通、表达和使用方法等能力很有帮助。通常信息教育多半从程序开始，不过计算机有时是造成学习分心的主因，进而变成了解信息科技的一大障碍。

同样，熟练掌握 AI（人工智能）机器学习也是重要的信息科技素养之一，不过太多的计算机程序涉及微积分、向量算法等，变成了学习 AI 科学的一大障碍。因此建议大家断开计算机的电源，一起来掌握 AI 这门有趣学问的学习方法。

11.2 AlphaGo的惊人学习能力

AlphaGo 就是这项新途径的代表。AI 机器人很擅长学习，大数据（Big Data）给它提供了极佳的学习材料，大数据中蕴藏了事物之间的相关性，成为它领悟的源头，并丰富了它的智能性。随着机器学习的学习技巧（即算法）日新月异，物联网技术促进大数据的迅速发展，机器学习的成果可能会在不久的将来把人类远远地抛在后面。

机器学习的智能与人类的"归纳性"智能和知识类似，它的思考过程不清晰、偏于结论性、欠缺可信（可靠）性。它只产生思考的"结论"，而没有产生思考的"过程"知识。由于它欠缺可信性，所以在判断或决策上，机器学习和人类一样，常常会有偏见和误判。一旦面临它未曾学习过的情境，就有可能犯错。

就如同一个人的阅历越丰富，它的判断与决策就越迅速，但也可能会有偏见和误判（固执己见）。因为机器拥有的是"归纳性"智能，加上大数据的支撑，其"结论"知识比人类的更准确。

11.3 范例：一只老鼠的探索及学习

有一只老鼠居住在一个房间里，这房间的只有 4 个可以出入的洞，而洞外常常会有猫咪住在那里（如图 11-1 所示，房间有 4 个洞可进出）。当老鼠走出洞时，若有猫咪住在洞外，老鼠就会害怕、不敢出去。

最近的情况是：老鼠听说房间外面来了几只猫，可能住在洞外，但老鼠并不清楚到底哪些洞外没有猫，所以影响老鼠安全愉快地进出。

这时，老鼠只好勇敢地试错，以便从经验学习中判断。一开始，老鼠没有任何经验和知识来采取抉择，它从任何一个洞出去，安全与危险的机会大概各一半，也就是有 0.5 的概率不会碰到猫，如图 11-2 所示。

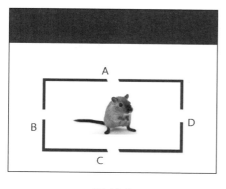

图 11-1

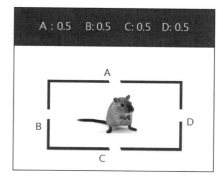

图 11-2

于是，老鼠展开行动按顺序测试，首先选择 A 洞，它从 A 洞走出来，发现有一只猫追过来，它（老鼠）吓得立刻奔回到洞里，它知道自己原来预测的概率值 0.5 错了，就把脑海里这个概率值调整为 0.0，如图 11-3 所示。

重复一样的行动，继续展开探索，选择 B 洞，小心翼翼地从 B 洞探出头来，也看到有一只猫追扑过来，它（老鼠）又立刻奔回到洞里，它知道对 B 洞预测的概率值 0.5 也是错的，就把脑海里这个概率值调整为 0.0，如图 11-4 所示。

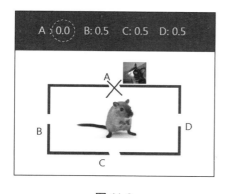

图 11-3

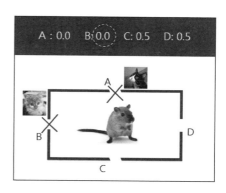

图 11-4

继续展开探索行动，选择 C 洞，就很轻松地走出来了。玩一会后又安全地回到房间，它知道自己原来预测的概率值 0.5（只有一半把握）也不对，就把脑海里这个概率值调整为 1.0，如图 11-5 所示。

继续展开探索行动，选择 D 洞试试，突然有一只猫冲过来，幸运地逃回洞里。它知道自己原来预测（D 洞）的概率值 0.5 是错的，就把脑海里这个概率值调整为 0.0，如图 11-6 所示。

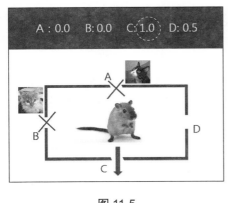

图 11-5   图 11-6

老鼠经过 4 次探索后，从经验中学习到相关技能，变得更加聪明。

11.4　记录老鼠的探索选择及结果

由于它（老鼠）担心过几天忘记了这些经验，所以就想把这些经验写在纸张上。同时，如果有其他老鼠朋友来访，也可以把纸张给朋友们看，以免好朋友们被猫抓去。

第 1 次探索时，选择了 A 洞而没有选择 B、C 和 D 洞，就以数学上的数组来表示，就表示为：[1,0,0,0]。如图 11-7 所示。

接着，把第 2 次的探索经验也记录下来。这次探索选择了 B 洞而没有选择 A、C 和 D 洞，同样以数学的数组来表示，即[0,1,0,0]。同样，也把第 3、4 次的探索经验记录下来，结果如图 11-8 所示。

接着，老鼠发现这样的纪录似乎仍不够完整，最好把"有没有看到猫"的结果也记载下来，就更完美了，如图 11-9 所示。

图 11-7

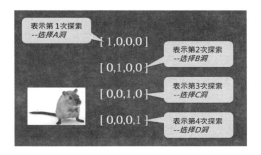

图 11-8

　　其实，结果只有两种可能："没有猫"或"有猫"。于是，老鼠就拿 1 与 0 来代表。也就是说，以 1 代表成功走出洞外，0 代表看到猫又逃回洞里，图 11-9 所示的内容又可以演化为图 11-10 所示的结果。

图 11-9

图 11-10

　　这就包含两个数组，分别是："探索的选择"数组与"探索结果"数组。并且拿 X 来表示"探索的选择"数组，拿 T 来表示"探索结果"数组，如图 11-11 所示。

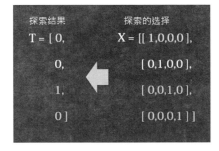

图 11-11

11.5　老鼠当教练：训练AI机器人

11.5.1　以简单算数，让机器人表达智能

有一天，老鼠的两位朋友来访，想在老鼠家居住几天。这两位朋友是华硕公司出产的 Zenbo 机器人，老鼠知道 Zenbo 机器人也很怕猫，所以很想把自己的经验迅速传授给 Zenbo 机器人。

由于机器人朋友的命令周期更新很快，而且外界的动态（即猫的动态）可能随时会有新的变化（老鼠会再去探索），老鼠就希望它的机器人朋友发挥其优秀的运算和学习能力，迅速达到相应的智能程度，进行更好的选择和判断，而不必花费时间探索每一个洞。

于是，老鼠就想让自己成为教练，把自己的探索经验和智能性传授给机器人朋友。而且基于机器人的超快运算能力，可能经过不到几秒钟的学习，就有很好的智能程度了。老鼠进一步思考：如何教导（或训练）这些机器人朋友呢？如图 11-12 所示。

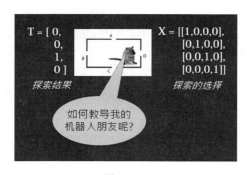

图 11-12

老鼠开始想让这机器人能通过快速（运算能力强）学习，迅速提升其智能。由于机器人擅长数学运算，于是老鼠就拿最简单的数学公式（只用数学中的加法和乘法）来训练机器人。

在上一小节里，曾提到过类似的情况。一开始，老鼠没有任何经验和知识来采取最好的抉择，它想从任何一个洞出去，安全与危险的机会均等，也就是有 0.5 的概率不会碰到猫）。所以，一开始预测各洞的概率值都是 0.5。就用一个简单的数学公式来表示为：

$$y = x1×0.5 + x2×0.5 + x3×0.5 + x4×0.5$$

其中，x1、x2、x3、x4 代表一次探索的选择。现在把这个数学公式写入到 Zenbo 机器人的脑海里，如图 11-13 所示。

例如第#0 次探索时选择了 A 洞，就是：

```
[x1, x2, x3, x4] = [1, 0, 0, 0]
```

而 y 就代表这次探索的预测值，可以预测出这次能顺利走出房间的概率值，

把这个数组[1,0,0,0]带入数学公式里，让机器人运算，如图 11-14 所示。

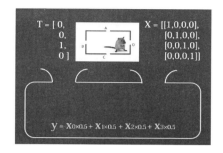

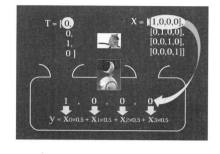

图 11-13　　　　　　　　　　　　图 11-14

经过机器人的快速运算，可以算出 y 值为：0.5。这 y 值就代表这次探索的预测值，即是否能顺利走出房间的概率值，如图 11-15 所示。

重复以上步骤，完成对老鼠智能的模仿，让机器人运用智能来进行预测，以达到三思而后行的效果。

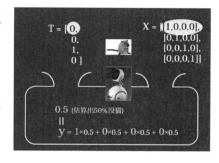

图 11-15

11.5.2　机器人智能的提升过程

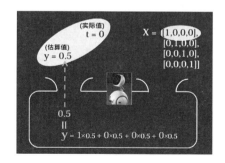

图 11-16

老鼠在房间里针对其探索的选择，在还没有任何经验情况下，运用其现有智能预测后，得出 0.5 预测值（即猜想有 50%是没有猫）之后，展开行动走出 A 洞，却发现猫追扑过来，赶快转身奔回洞内。

它回到洞内一想，以它现在记录的智能，所预测的值 0.5 与实际值 0（即有猫）两者比较后，存在很大的差异。机器人同样可以模仿及表达，如图 11-16 所示。

走出 A 洞之前的预测值 0.5，与走出 A 洞时得到的实际值 0，两者比较以后，发现所依赖的智能有待改进。

那么，如何让机器人表达智能的成长？即如何调整上一小节里记录的智能呢？可以看看预测值和实际值的差距，即两者相减得到-0.5 的误差，如图 11-17 所示。

接着拿这项误差值（即-0.5）修正机器人里的数学公式，如图 11-18 所示。

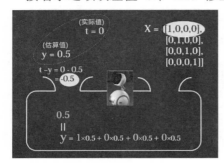
图 11-17

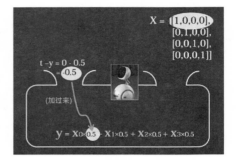
图 11-18

此时，拿这项误差值（即-0.5）与权重相加，计算结果：-0.5 + 0.5 = 0.0。因此，得到新的权重是：0.0，如图 11-19 所示。

此时，修正数学公式里的参数，又称为：权重（Weight）。修正后，其数学公式变为：

$$y = x1 \times 0.0 + x2 \times 0.5 + x3 \times 0.5 + x4 \times 0.5$$

图 11-19

由于第#0 次探索时选择了 A 洞，就是：

$$[x1, x2, x3, x4] = [1, 0, 0, 0]$$

而 y 代表探索的预测值，机器人预测出这次能顺利走出房间的概率值。于是，把这个数组[1,0,0,0]带入数学公式里，如下：

$$y = x1 \times 0.0 + x2 \times 0.5 + x3 \times 0.5 + x4 \times 0.5$$
$$= 1 \times 0.0 + 0 \times 0.5 + 0 \times 0.5 + 0 \times 0.5$$
$$= 0$$

所以修正数学公式后，经由运算而得到的预测值是 0。而实际值也是 0，非常准确，没有误差，这说明机器人智能提升了。

至此，老鼠对机器人朋友完成第#0 组数据的训练。其中，老鼠拿它记录下来的经验作为训练数据（Training Data），包括 X[] 和 T[] 两个数组：

```
T = [ 0, …. ]            X = [[1,0,0,0],
        ……. ,
        ……. ,
        ……. ]]
```

通过这些训练数据，来驱动机器人对数学公式（又称：算法）的权重做修正，让其预测更加准确。

11.5.3　一回生、两回熟

刚才老鼠拿它的第#0 次探索经验记录，作为给 Zenbo 机器人的训练资料，展开第#0 组数据的训练，可以看到 Zenbo 的智能性有所提升。俗语说：一回生、两回熟。多一些训练，会让 Zenbo 的智能性提升得更快。于是，老鼠准备给 Zenbo 展开第#1 组数据的训练，这次是以老鼠先前探索 B 洞的经验记录，来作为训练数据。这次的 X[] 数组如下。

$$[x1, x2, x3, x4] = [0, 1, 0, 0]$$

而 y 代表这次探索的预测值，于是把 X[] 数组[0,1,0,0]带入数学公式里，如图 11-20 所示。

经过机器人的快速运算，可以算出 y 值为：0.5。这 y 值代表这次能否顺利走出房间的概率值，如图 11-21 所示。

依据老鼠的经验，它走出 B 洞之前的预测值 0.5，与走出 B 洞时得到的实际值 0，两者拿来比较一下，发现其依赖的智能有待改进，所以老鼠经历这次探索后，它的智能性有所提升。

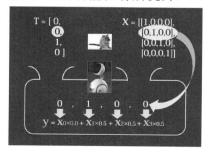

图 11-20

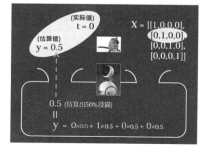

图 11-21

那么，也可以让 Zenbo 机器人的智能性继续提升。现在来看看预测值和实际值的差距有多大，两者相减得到-0.5 的误差。就拿这项误差值（即-0.5）来修正机器人里的数学公式，如图 11-22 所示。

也就是说，拿这项误差值（即-0.5）与权重相加，其计算公式：-0.5 + 0.5 = 0.0。因此，得到新的权重：0.0，如图 11-23 所示。

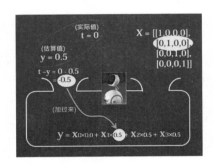

图 11-22

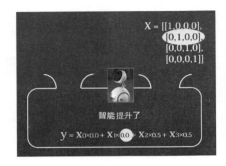

图 11-23

此时，已经修正了数学公式里的权重，修正后权重变为：0.0。而数学公式也变为：

$$y = x1×0.0 + x2×0.0 + x3×0.5 + x4×0.5$$

由于这是基于老鼠的第#1 次探索经验，当时选择了 B 洞，就是：

$$[x1, x2, x3, x4] = [0, 1, 0, 0]$$

而 y 就代表这次探索的整体预测值，机器人可以预测出这次能顺利走出房间的概率值。于是，把这个数组[0,1,0,0]带入数学公式里：

$$y = x1×0.0 + x2×0.0 + x3×0.5 + x4×0.5$$
$$= 0 × 0.0 + 1 × 0.0 + 0 × 0.5 + 0 × 0.5$$
$$= 0$$

修正数学公式后，经由运算而得到的预测值是：0，而实际值也是 0，非常准确。至此，老鼠已经对机器人朋友完成第#1 组数据的训练。其通过训练数据来驱动机器人对数学公式做修正，让其预测更为准确。

11.5.4　三回变高手

刚才老鼠拿它的第#1 次探索经验记录，作为给 Zenbo 机器人的训练资料，来展开第#1 组数据的训练，可以看到 Zenbo 的智能性继续提升。如果再提供更多训练，将会让 Zenbo 的智能性提升更多。于是，老鼠准备给予 Zenbo 展开第

#2 组数据的训练，这次是基于老鼠先前探索 C 洞的经验记录，作为训练数据。这回合的 X[]数组是：

$$[x1, x2, x3, x4] = [0, 0, 1, 0]$$

　　y 代表这次探索的预测值，机器人可以预测出这次能顺利走出房间的概率。于是把 X[]数组[0,0,1,0]带入数学公式里，如图 11-24 所示。

　　经过机器人的快速运算，可以算出 y 值为：0.5。即这次能顺利走出房间的概率值，如图 11-25 所示。

　　依据老鼠的经验，它走出 C 洞之前的预测值 0.5，与走出 C 洞时得到的实际值 1，两者拿来比较一下，发现其所依赖的智能性还有待改进，所以老鼠经历这次探索后，它的智能性会继续提升。

　　现在来看看预测值和实际值的差距有多大，两者相减得到误差值：0.5。接着，继续拿这项误差值（即 0.5）修正机器人里的数学公式，如图 11-26 所示。

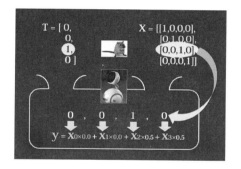

图 11-24

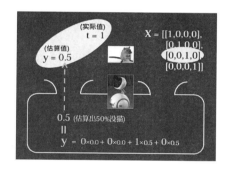

图 11-25

　　也就是说，拿这项误差值（即 0.5）来与权重相加，其结果：0.5 + 0.5 = 1.0。因此，得到新的权重是：1.0，如图 11-27 所示。

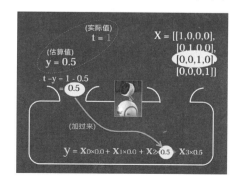

图 11-26

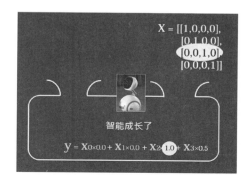

图 11-27

此时，已修正数学公式里的权重。修正后权重变为：1.0。其数学公式变为：

$$y = x1×0.0 + x2×0.0 + x3×1.0 + x4×0.5$$

由于这是基于老鼠的第#2 次探索经验，当时选择了 C 洞，就是：

$$[x1, x2, x3, x4] = [0, 0, 1, 0]$$

而 y 代表这次探索的整体预测值，把这个数组[0,0,1,0]带入数学公式里，如下：

$$y = x1×0.0 + x2×0.0 + x3×1.0 + x4×0.5$$
$$= 0 × 0.0 + 0× 0.0 + 1 × 1.0 + 0 × 0.5$$
$$= 1.0$$

所以，修正数学公式之后，经由运算得到的预测值是：1.0。与实际值一样，说明机器人的智能性继续提升。

至此，老鼠已经对机器人朋友完成第#2 组数据的训练。通过训练数据来驱动机器人对其数学公式做修正，让预测更加准确。

11.5.5　第四回合训练：迈向完美

刚才老鼠已经对 Zenbo 机器人展开三个回合的训练，也能看出 Zenbo 的智能性持续提升。现在，老鼠准备对 Zenbo 展开第#3 组数据的训练，这次是基于老鼠先前探索 D 洞的经验记录，来作为训练数据。这回合的 X[]数组：

$$[x1, x2, x3, x4] = [0, 0, 0, 1]$$

而 y 代表机器人可以预测出这次能顺利走出房间的概率值。于是把 X[]数组[0,0,0,1]带入数学公式里，如图 11-28 所示。

经过机器人的快速运算，可以算出 y 值为：0.5。这 y 值就是机器人这次能顺利走出房间的概率值，如图 11-29 所示。

图 11-28

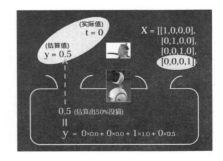

图 11-29

依据老鼠的经验，它走出 D 洞之前的预测值 0.5，与走出 D 时得到的实际值 0 不一致。使用以上两节同样的方法。

拿这项误差值（即-0.5）修正机器人里的数学公式，如图 11-30 所示。

也就是说，拿这项误差值（即-0.5）来与权重相加，其计算是：-0.5 + 0.5 = 0.0。因此，得到新的权重是：0.0，如图 11-31 所示。

此时，已修正数学公式里的权重，修正后权重变为：0.0。而数学公式变为：

$$y = x1×0.0 + x2×0.0 + x3×1.0 + x4×0.0$$

由于这是基于老鼠的第#3 次探索经验，当时选择了 D 洞，就是：

$$[x1, x2, x3, x4] = [0, 0, 0, 1]$$

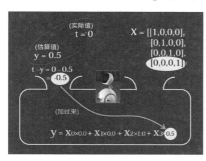 

图 11-30　　　　　　　　　　　　　　图 11-31

y 就代表机器人可以预测出这次能顺利走出房间的概率值。于是，就把这个数组[0,0,0,1]带入数学公式里，结果如下：

$$y = x1×0.0 + x2×0.0 + x3×1.0 + x4×0.0$$
$$= 0 × 0.0 + 0 × 0.0 + 0 × 1.0 + 1 × 0.0$$
$$= 0$$

修正数学公式后，经由运算而得到的预测值是：0，而实际值也是 0，这说明机器人的智能性继续提升。至此，老鼠已经对机器人完成第#3 组数据的训练。其通过训练数据驱动机器人对数学公式做修正，让其预测更加准确。

11.5.6　重新检测一次

经过 4 回合的训练，Zenbo 机器人脑海里的数学公式是：

$$y = x1×0.0 + x2×0.0 + x3×1.0 + x4×0.0$$

其中的权重部分，可以表示为：

$$W = [w1, w2, w3, w4] = [0.0, 0.0, 1.0, 0.0]$$

也就相当于：

$$y = x1×w1 + x2×w2 + x3×w3 + x4×w4$$

于是，老鼠来检测一下 Zenbo 机器人的智能，看看它依据数学公式而计算出来的预测值，是否与实际值一致。

Step-0　　　老鼠读取训练资料 X[] 和 T[]，把其中的第#0 笔：

T = [0,0,1,0]　　　　　　X = [[1,0,0,0],

　　　　　　　　　　　　　　　……. ，

　　　　　　　　　　　　　　　……. ，

　　　　　　　　　　　　　　　…….]

交给 Zenbo 机器人，它立即展开计算：

$$y = x1×w1 + x2×w2 + x3×w3 + x4×w4$$
$$= 1×0.0 + 0×0.0 + 0×1.0 + 0×0.0$$
$$= 0$$

得出的预测值是 0，与实际值 0 一致。

Step-1　　　检测完第#0 笔资料，继续检验第#1 笔：

T = [0,0,1,0]　　　　　　X = [……. ，

　　　　　　　　　　　　　　　[0,1,0,0] ，

　　　　　　　　　　　　　　　……. ，

　　　　　　　　　　　　　　　…….]

交给 Zenbo 机器人，它立即展开计算：

$$y = x1×w1 + x2×w2 + x3×w3 + x4×w4$$
$$= 0×0.0 + 1×0.0 + 0×1.0 + 0×0.0$$
$$= 0$$

得出的预测值是 0，与实际值 0 一致。

Step-2　　　检测完第#1 笔资料，继续检验第#2 笔：

T = [0,0,1,0]　　　　　　X = [……. ，

　　　　　　　　　　　　　　　……. ，

　　　　　　　　　　　　　　　[0,0,1,0] ，

　　　　　　　　　　　　　　　…….]

交给 Zenbo 机器人，它立即展开计算：

$$y = x1×w1 + x2×w2 + x3×w3 + x4×w4$$
$$= 0×0.0 + 0×0.0 + 1×1.0 + 0×0.0$$
$$= 1.0$$

得出的预测值是 1.0，它与实际值 1 一致。

Step-3　　　检测完第#2 笔资料，继续检验第#3 笔：

　　T =[0,0,1,0]　　　　　X = [　……. ,

　　　　　　　　　　　　　　　　……. ,

　　　　　　　　　　　　　　　　……. ,

　　　　　　　　　　　　　　　[0,0,0,1]

交给 Zenbo 机器人，它立即展开计算：

$$y = x1{\times}w1 + x2{\times}w2 + x3{\times}w3 + x4{\times}w4$$
$$= 0{\times}0.0 + 0{\times}0.0 + 0{\times}1.0 + 1{\times}0.0$$
$$= 0$$

得出的预测值是 0，与实际值 0 一致。至此，经过检测，其预测值都符合训练资料的要求，即老鼠教练的初步训练工作大功告成。

第 12 章

撰写单层 Perceptron 程序

12.1　开始"插电学AI"：使用Python

在上一章里，拿老鼠的探索与学习为例，说明动物们（包括人们）的学习情境。后来，老鼠用自己的经验记录数据，作为训练数据开始训练它的机器人朋友。

现在，来说明如何用 Python 代码来表示数学式，然后加载到机器人的脑海里，让机器人发挥它的高速运算能力，进行快速学习。

在上一章里，曾拿一个简单的数学式表示：

$$y = x1 \times w1 + x2 \times w2 + x3 \times w3 + x4 \times w4$$

其中，数组[x1、x2、x3、x4]代表一次探索，而数组[w1, w2, w3, w4]代表机器人在预测时的权重。机器人经过这个公式，能快速得出预测值。也就是老鼠估算（预测）从某一个洞出去时，可以顺利出门的可能性，如图 12-1 所示。

这是一开始老鼠在没有任何经验情况下，运用数学运算后，得出 0.5 预测值（即猜想有 50%是没有猫）。现在来看如何撰写 Python 程序表达上述的数学运算。代码如下。

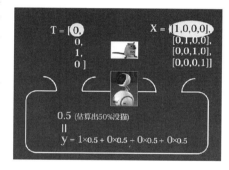

图 12-1

#Ex12-01

```python
import numpy as np
class Perceptron:
    def Dot(self, mx, mw):
        self.X = mx
        self.W = mw
        self.y = np.dot(self.X, self.W)
        return self.y
#------------------------------------------------
X = np.array([ [1,0,0,0],
        [0,1,0,0],
        [0,0,1,0],
        [0,0,0,1] ])
```

```
W = np.array([0.5, 0.5, 0.5, 0.5])
#-----------------------------------------------
p = Perceptron()
p.Dot( X[0], W )
print("y = ", p.y)
```

这个程序里的如下命令：

```
import numpy as np
```

其置入 numpy 数学模块。然后撰写一个 Perceptron 类，包含一个 Dot()函数。这个 Dot()函数调用 numpy 模块的 dot()函数来进行两个数组（Array）的乘积运算，即

$$y = X[0] \times W$$
$$= [1,0,0,0] \times [0.5, 0.5, 0.5, 0.5]$$
$$= 1 \times 0.5 + 0 \times 0.5 + 0 \times 0.5 + 0 \times 0.5$$
$$= 0.5$$

此程序的输出结果如图 12-2 所示。

```
>>>
 RESTART: C:/Users/Queena/AppData/Local
y =  0.5
>>>
>>>
```

图 12-2

12.2 展开第#0组数据的训练

和老鼠一样，机器人也能从经验中提升脑海里的数学公式，让自己的预测值更接近实际值。上一章里提到，一开始老鼠在没有任何经验情况下，运用其现有智能得出预测值 0.5。然而，展开行动走出 A 洞时，却发现猫追扑过来，赶快转身奔回洞内。它回到洞内，想一想它自己所预测的值 0.5 与实际值 0（即有猫）之间还有落差。就把两者相减，得到误差值为：−0.5。接着拿这项误差值（即−0.5）来修正机器人里的数学公式，如图 12-3 所示。

此时，拿这项误差值（即−0.5）与权重相加，其计算是：−0.5 + 0.5 = 0.0。因此，得到新的权重：0.0，如图 12-4 所示。

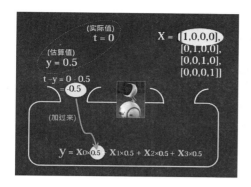
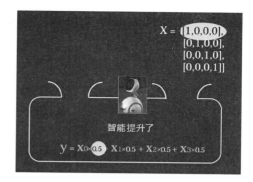

图 12-3   图 12-4

现在来看看如何撰写 Python 程序，用以表达上述的智能成长过程，代码如下。

#Ex12-02

```python
import numpy as np
class Perceptron:
    def __init__(self, mw):
        self.W = mw

    def Dot(self, mx):
        self.X = mx
        self.y = np.dot(self.X, self.W)
        return self.y

    def Loss(self, t):
        self.error = t - self.y
        return self.error

    def Adjust(self):
        self.W += np.multiply(self.X, self.error)

#---------------------------------------------
X = np.array([ [1,0,0,0],
         [0,1,0,0],
         [0,0,1,0],
```

```
                    [0,0,0,1] ])
T = np.array([0,0,1,0])


W = np.array([0.5, 0.5, 0.5, 0.5])
#------------------------------------------------
p = Perceptron(W)
p.Dot( X[0] )
p.Loss( T[0] )
p.Adjust()


print("y = ", p.y)
print("err =", p.error)
print("w = ", p.W)
print("--------------------")
```

在 Perceptron 类里添加一个 Loss() 函数算出预测值与实际值之间的落差（即 −0.5）。同时，增添一个 Adjust() 函数调整数学式里的每一项权重，调整后的计算公式为：

$$w1 += x1 \times (-0.5)$$
$$w2 += x2 \times (-0.5)$$
$$w3 += x3 \times (-0.5)$$
$$w4 += x4 \times (-0.5)$$

```
>>>
 RESTART: C:/Users/Queena/AppData/Local/Prog
y = 0.5
err = -0.5
w = [0.  0.5 0.5 0.5]
--------------------
>>>
>>>
```

图 12-5

由于这里的第 1 笔训练数据是：x[] = [1,0,0,0]。即 x1 的值为 1，而 x2、x3 和 x4 的值都是：0。也就是说，只有 w1 值变更为 0，而 w2、w3 和 w4 的值都没有调整，所以，输出结果如图 12-5 所示。

12.3 进行更多组数据的训练

刚才已经展开第 #0 次数据的训练，也看到 Zenbo 的智能性已经提升。

训练的过程完全是重复性的工作，只是数学公式的权重持续调整，来提升预测值的可信度而已，而机器人最擅长重复性的数学运算。现在，来修饰上一小节里的代码，让机器人可以经由重复的运算而不断提升其智能性。修饰后的代码如下。

#Ex12-03

```python
import numpy as np

class Perceptron:

    def __init__(self, mw):
        self.W = mw

    def Dot(self, mx):
        self.X = mx
        self.y = np.dot(self.X, self.W)
        return self.y

    def Loss(self, t):
        self.error = t - self.y
        return self.error

    def Adjust(self):
        self.W += np.multiply(self.X, self.error)

#------------------------- ---------------
X = np.array([ [1,0,0,0],
               [0,1,0,0],
               [0,0,1,0],
               [0,0,0,1] ])
T = np.array([0,0,1,0])

W = np.array([0.5, 0.5, 0.5, 0.5])

p = Perceptron(W)

#---第#0 笔---
p.Dot( X[0] )
p.Loss( T[0] )
```

```
    p.Adjust()

print("y = ", p.y)
print("err =", p.error)
print("w = ", p.W)
print("--------------------")

#---第#1笔---
p.Dot( X[1] )
p.Loss( T[1] )
p.Adjust()

print("y = ", p.y)
print("err =", p.error)
print("w = ", p.W)
print("------------------------")

#---第#2笔---
p.Dot( X[2] )
p.Loss( T[2] )
p.Adjust()

print("y = ", p.y)
print("err =", p.error)
print("w = ", p.W)
print("------------------------")

#---第#3笔---
p.Dot( X[3] )
p.Loss( T[3] )
p.Adjust()

print("y = ", p.y)
print("err =", p.error)
print("w = ", p.W)
print("------------------------")
```

```
print("              ")
print("总共训练 4 笔之后的估算值：")


for row in range(len(X)):
    y = p.Dot( X[row] )
    print("y:", '%.3f'%y, ", t:", T[row])
```

在第#0 笔的训练部分，包含如下命令：

```
p.Dot( X[0] )
p.Loss( T[0] )
p.Adjust()
```

一开始，起始的权重数据是：w[] = [0.5, 0.5, 0.5, 0.5]。然后，调用 Dot()
函数（基于这个 x[]）来算出预测值；调用 Loss()函数来算出预测值与实际值之
间的落差；调用 Adjust()函数来调整数学式里的每一项权重。调整后的新权重
如下：w[] = [0.0, 0.5, 0.5, 0.5]。

在第#1 笔的训练部分，包含如下命令：

```
p.Dot( X[0] )
p.Loss( T[0] )
p.Adjust()
```

这是基于上一笔训练而调整后的权重数据（即 w[] = [0.0, 0.5, 0.5, 0.5]。然
后，调用 Dot()函数（基于这个 x[]）来算出预测值；调用 Loss()函数来算出预
测值与实际值之间的落差；调用 Adjust()函数来调整数学式里的每一项权重。
调整后的最新权重：w[] = [0.0, 0.0, 0.5, 0.5]。

然后，依序循环下去，做完 4 笔的训练后，最终的权重：w[] = [0.0, 0.0, 1.0,
0.0]。最后，此程序依据最终的权重，来重新检测机器人的智能性，比较一下
其预测值与实际值是否一致。此程序输出结果如图 12-6 所示。

可以看到，机器人计算出的预测值（即 y 值），与实际值（即 t 值）一致。
至此，经过检测，可以看到 Zenbo 的智能性已相当不错，其预测值符合训练数
据的要求。于是，老鼠教练的初步训练工作大功告成。

```
>>>
= RESTART: C:\Users\Queena\AppData\Local\Program
y =  0.5
err = -0.5
w =  [0.  0.5 0.5 0.5]
---------------------
y =  0.5
err = -0.5
w =  [0.  0.  0.5 0.5]
---------------------
y =  0.5
err = 0.5
w =  [0.  0.  1.  0.5]
---------------------
y =  0.5
err = -0.5
w =  [0. 0. 1. 0.]
---------------------
总共训练4笔之后的估算值：
y: 0.000 , t: 0
y: 0.000 , t: 0
y: 1.000 , t: 1
y: 0.000 , t: 0
>>>
>>>
```

图 12-6

12.4　加入学习率

刚才的数学式里，属于比较简单的学习情境，可以一次把误差值直接加入权重，从而调整权重的值。在比较复杂的机器学习情境中，常常需要放慢学习速度，小步前进、逐渐逼近最优值。于是，在数学式里加上学习率（Learning Rate）元素。现在，修饰上一小节里的程序代码，让机器人的计算结果逐渐逼近最优值，修饰后的 Python 程序代码如下。

#Ex12-04

```python
import numpy as np

class Perceptron:

    def __init__(self, mw, lr):
        self.W = mw
        self.learning_rate = lr

    def Dot(self, mx):
```

```
        self.X = mx
        self.y = np.dot(self.X, self.W)
        return self.y

    def Loss(self, t):
        self.error = t - self.y
        return self.error

    def Adjust(self):
        update = self.error * self.learning_rate
        self.W += np.multiply(self.X, update)

#------------------------- ---------------
X = np.array([ [1,0,0,0],
              [0,1,0,0],
              [0,0,1,0],
              [0,0,0,1] ])
T = np.array([0,0,1,0])

W = np.array([0.5, 0.5, 0.5, 0.5])

p = Perceptron(W, 0.5)

for row in range(2):
  #---第#0 笔---
  p.Dot( X[0] )
  p.Loss( T[0] )
  p.Adjust()

  print("y = ", p.y)
  print("err =", p.error)
  print("w = ", p.W)
  print("-------------------------")

  #---第#1 笔---
  p.Dot( X[1] )
```

```
        p.Loss( T[1] )
        p.Adjust()

        print("y = ", p.y)
        print("err =", p.error)
        print("w = ", p.W)
        print("------------------------")

        #---第#2 笔---
        p.Dot( X[2] )
        p.Loss( T[2] )
        p.Adjust()

        print("y = ", p.y)
        print("err =", p.error)
        print("w = ", p.W)
        print("------------------------")

        #---第#3 笔---
        p.Dot( X[3] )
        p.Loss( T[3] )
        p.Adjust()

        print("y = ", p.y)
        print("err =", p.error)
        print("w = ", p.W)
        print("------------------------")
        print("              ")

print("              ")
print("训练 2 回合(Epoch)之后的估算值: ")

for row in range(len(X)):
    y = p.Dot( X[row] )
    print("y:", '%.3f'%y, ", t:", T[row])
```

其中的命令：

```
update = self.error * self.learning_rate
self.W += np.multiply(self.X, update)
```

在这里是用来让误差值（error）与学习率（learning_rate）相乘，减小调整的幅度。所以，可以看到慢慢逼近最优解的学习过程，例如范例呈现的前两个回合（Epoch）的学习情境，输出的结果如图 12-7 所示。

```
>>>
= RESTART: C:\Users\Queena\AppData\Local\Programs\Python\
y =  0.5
err = -0.5
w =  [0.25 0.5  0.5  0.5 ]
------------------------
y =  0.5
err = -0.5
w =  [0.25 0.25 0.5  0.5 ]
------------------------
y =  0.5
err = 0.5
w =  [0.25 0.25 0.75 0.5 ]
------------------------
y =  0.5
err = -0.5
w =  [0.25 0.25 0.75 0.25]
------------------------

y =  0.25
err = -0.25
w =  [0.125 0.25  0.75  0.25 ]
------------------------
y =  0.25
err = -0.25
w =  [0.125 0.125 0.75  0.25 ]
------------------------
y =  0.75
err = 0.25
w =  [0.125 0.125 0.875 0.25 ]
------------------------
y =  0.25
err = -0.25
w =  [0.125 0.125 0.875 0.125]
------------------------

训练2回合(Epoch)之后的估算值：
y: 0.125 , t: 0
y: 0.125 , t: 0
y: 0.875 , t: 1
y: 0.125 , t: 0
>>>
```

图 12-7

从输出的结果看，可以观察到权重（即 w[]）的持续调整过程。

12.5　增添一个Training类

上一小节里的代码定义一个 Perceptron 类。为让程序更易扩展，也让结构更好，在本节里增添一个新类——Training。调整后的代码如下。

#Ex12-05

```python
import numpy as np
class Perceptron:
    def __init__(self, mw, lr):
        self.W = mw
        self.learning_rate = lr

    def Dot(self, mx):
        self.X = mx
        self.y = np.dot(self.X, self.W)
        return self.y

    def Loss(self, t):
        self.error = t - self.y
        return self.error

    def Adjust(self):
        update = self.error * self.learning_rate
        self.W += np.multiply(self.X, update)


#---------------------------------------------------
class Training:
    def __init__(self, mx, mt):
        self.X = mx
        self.T = mt

    def SetW(self, w, lr):
        self.P = Perceptron(w, lr)

    def Start(self):
        for i in range(len(self.X)):
            self.P.Dot( self.X[i] )
            self.P.Loss( self.T[i] )
            self.P.Adjust()
```

```
    def Predict(self, dx):
        return self.P.Dot(dx)


    def GetW(self):
        return self.P.W
#-------------------------------------------------
X = np.array([ [1,0,0,0],
          [0,1,0,0],
          [0,0,1,0],
          [0,0,0,1] ])
T = np.array([0,0,1,0])

W = np.array([0.5, 0.5, 0.5, 0.5])


aa = Training(X, T)
aa.SetW(W, 0.5)

print(aa.GetW())
for row in range(len(X)):
   p = aa.Predict( X[row] )
   print("y:", '%.3f'%p, ", t:", T[row])


for i in range(2):
   aa.Start()
print("    ")
print("训练 2 回合之后的预测值：")


print(aa.GetW())
for row in range(len(X)):
   p = aa.Predict( X[row] )
   print("y:", '%.3f'%p, ", t:", T[row])
```

　　这里新定义的 Training 类把原来的 Perceptron 类包起来。于是主程序部分不会直接使用 Perceptron 类及对象。这样的好处是随时可以更改 Perceptron 类的名称，及内部的函数名称等。首先，运行命令：

```
aa = Training(X, T)
```

其用来创建一个 Tarining 的对象，并且设定 X 和 T 数组作为训练的数据。接着，运行命令：

```
aa.SetW(W, 0.5)
```

其设定 W 数组作为数学式的权重。然后，继续运行命令：

```
for row in range(len(X)):
    p = aa.Predict( X[row] )
    print("y:", '%.3f'%p, ", t:", T[row])
```

这几行命令是依据初期（训练前）的权重（即 W 数组）来计算各组数据所对应的预测值。接着，运行命令：

```
for i in range(2):
        aa.Start()
```

展开两个回合的训练，得出最终的权重。最后运行命令：

```
for row in range(len(X)):
  p = aa.Predict( X[row] )
  print("y:", '%.3f'%p, ", t:", T[row])
```

这是依据最新的权重来计算各组数据所对应的预测值，结果如图 12-8 所示。

```
= RESTART: C:\Users\Queena\AppData\Local\Programs\Python\
[0.5 0.5 0.5 0.5]
y: 0.500 , t: 0
y: 0.500 , t: 0
y: 0.500 , t: 1
y: 0.500 , t: 0

训练2回合之后的估算值：
[0.125 0.125 0.875 0.125]
y: 0.125 , t: 0
y: 0.125 , t: 0
y: 0.875 , t: 1
y: 0.125 , t: 0
>>>
>>>
```

图 12-8

这里可以看到，训练之前各笔的预测值（y）与实际值（t）有很大的误差，而训练之后各笔的预测值与实际值误差都非常小了。

12.6 一个更详细的Perceptron代码

在之前的小节里，Perceptron 类比较简单，适合展现机器学习（Machine Learning）的基本思维，然而它只适用于比较简单的应用情境上。如老鼠一次只能选择一个洞，而不能同时选择探索两个洞。

基于这个简单的老鼠探索情境，就能轻易理解老鼠和机器人的学习过程。有了这些基础，就可以撰写更详细的代码，让机器人学习更高级的智能，以面对更复杂的应用情境。下面撰写一个通用型的 Perceptron 代码。

首先，撰写一个 training.py 模块，它包含一个 Perceptron 类和一个 Training 类，程序代码如下。

#training

```python
Import numpy as np
class Perceptron(object):

    def __init__(self, mw, mr):
        self.w = mw[0]
        self.wb = mw[1]
        self.lr = mr
        self.bias = float(1)

    def Dot(self, vx):
        self.X = vx
        self.s = np.dot(self.X, self.w)
        self.s += self.bias * self.wb
        return self.s

    def Sigmoid(self):
        self.z = float(1/(1 + np.exp(-self.s)))
        return self.z

    def Forward(self, inputs):
        self.Dot(inputs)
        self.Sigmoid()
```

```python
            return self.Sigmoid()

    def Loss(self, dt):
        self.error = dt - self.z
        return self.error

    def Deriv(self):
        self.deriv = self.z * (1 - self.z)
        return self.deriv

    def Delta(self):
        self.delta = 2 * self.error * self.deriv
        return self.delta

    def Backward(self, inputs, dt):
        self.Loss(dt)
        self.Deriv()
        self.Delta()
        self.w += np.multiply(self.X, self.delta * self.lr)
        self.wb += self.lr * self.delta

    def Predict(self, dx):
        v = np.dot(dx, self.w)
        v += self.bias * self.wb
        z = float(1/(1 + np.exp(-v)))
        return z

    def GetW(self):
        return self.w
#--------------------------------------------------

class Training:
    def __init__(self, mx, mt):
        self.X = mx
        self.T = mt
```

```
    def SetW(self, w, r):
        self.P = Perceptron(w, r)

    def Start(self):
        for i in range(len(self.X)):
            self.P.Forward(self.X[i])
            self.P.Backward(self.X[i], self.T[i])

    def Predict(self, dx):
        return self.P.Predict(dx)

    def GetW(self):
        return self.P.GetW()
```

在 Perceptron 类里增添 Sigmoid 激励函数（Activation Function）的运算，它把预测值 y 再经过 Sigmoid() 函数的运算而转换出 z 值，再拿这个 z 值与实际值比较，并计算出两者的误差，进而调整数学公式的权重。

现在，编写主程序 Ex12-06 使用上述两个类。这个主程序让老鼠对机器人展开 1000 个回合的训练，代码如下。

#*Ex12-06*

```
import numpy as np
import training

X = np.array([ [1,0,0,0],
               [0,1,0,0],
               [0,0,1,0],
               [0,0,0,1] ])
T = np.array([0,0,1,0])

W = np.array([[0.5, 0.5, 0.5, 0.5], 0.5])


aa = training.Training(X, T)
aa.SetW(W, 0.5)
```

```
print(aa.GetW())
for row in range(len(X)):
    p = aa.Predict( X[row] )
    print("z:", '%.3f'%p, ", t:", T[row])

for row in range(1000):
    aa.Start()
print("----------------------")

print(aa.GetW())
for row in range(len(X)):
    p = aa.Predict( X[row] )
    print("z:", '%.3f'%p, ", t:", T[row])
```

程序的输出结果如图 12-9 所示。

```
>>>
 RESTART: C:\Users\Queena\AppData\Local\Programs\Python\P
[0.5, 0.5, 0.5, 0.5]
z: 0.731 , t: 0
z: 0.731 , t: 0
z: 0.731 , t: 1
z: 0.731 , t: 0
----------------------
[-2.01139545 -2.00715743  5.54383531 -2.01196007]
z: 0.018 , t: 0
z: 0.018 , t: 0
z: 0.972 , t: 1
z: 0.018 , t: 0
>>>
>>>
```

图 12-9

从以上可以看到，训练（1000 回合）之前各笔的预测值（以从 y 转换为 z）与实际值（t）有很大的误差，而训练后各笔的预测值与实际值则误差很小。

有一天，老鼠重新进行探索，其情境也稍微改变：它有一次同时探索 B 和 C 两个洞，而事实上也真的顺利走出房间（t 值为 1）。老鼠也重新训练它的机器人朋友，训练代码如下。

#Ex12-07

```
import numpy as np
import training


X = np.array([ [1,0,0,0],
```

```
          [0,1,0,0],
          [0,0,1,0],
          [0,0,0,1],
          [0,1,1,0]])
T = np.array([0,0,1,0,1])

W = np.array([[0.5, 0.5, 0.5, 0.5], 0.5])


aa = training.Training(X, T)
aa.SetW(W, 0.5)

print(aa.GetW())
for row in range(len(X)):
    p = aa.Predict( X[row] )
    print("z:", '%.3f'%p, ", t:", T[row])


for row in range(1000):
    aa.Start()
print("----------------------")

print(aa.GetW())
for row in range(len(X)):
    p = aa.Predict( X[row] )
    print("z:", '%.3f'%p, ", t:", T[row])
```

此程序的结果如图 12-10 所示。

```
>>>
 RESTART: C:\Users\Queena\AppData\Local\Programs\Python\P
[0.5, 0.5, 0.5, 0.5]
z: 0.731 , t: 0
z: 0.731 , t: 0
z: 0.731 , t: 1
z: 0.731 , t: 0
z: 0.818 , t: 1
----------------------
[-1.65127688 -0.80650644  6.91067756 -1.639674  ]
z: 0.014 , t: 0
z: 0.032 , t: 0
z: 0.987 , t: 1
z: 0.014 , t: 0
z: 0.971 , t: 1
>>>
>>>
```

图 12-10

此程序展开 1000 回合的重复训练后，其预测值（z）与实际值（t）之间的误差继续缩小。

老鼠除了房间的探索经验，也观察到兔子与猫的主要差别如下：兔子耳朵长、尾巴短；猫尾巴长、耳朵短，相关数据如表 12-1 所示。

表 12-1　兔子和猫的区别

耳朵长度（cm）	尾巴长度（cm）	动物种类
7.5	5.5	兔子
3.1	12.3	猫
6.8	3.6	兔子
1.2	8.6	猫

老鼠使用 Ex12-08 程序训练机器人，程序代码如下。

#Ex12-08

```
import numpy as np
import training

X = np.array([ [7.5, 5.5],
          [3.1, 12.3],
          [6.8, 3.6],
          [1.2, 8.6] ])
T = np.array([1,0,1,0])

W = np.array([[0.5, 0.5], 0.5])

aa = training.Training(X, T)
aa.SetW(W, 0.3)

print(aa.GetW())
for row in range(len(X)):
    p = aa.Predict( X[row] )
    print("z:", '%.3f'%p, ", t:", T[row])

for row in range(1000):
    aa.Start()
```

```
print("----------------------")

print(aa.GetW())
for row in range(len(X)):
    p = aa.Predict( X[row] )
    print("z:", '%.3f'%p, ", t:", T[row])
```

程序的结果如图 12-11 所示。

```
>>>
 RESTART: C:\Users\Queena\AppData\Local\Programs\Pytho
[0.5, 0.5]
z: 0.999 , t: 1
z: 1.000 , t: 0
z: 0.997 , t: 1
z: 0.996 , t: 0
----------------------
[ 1.26294244 -0.84600032]
z: 0.995 , t: 1
z: 0.002 , t: 0
z: 0.998 , t: 1
z: 0.005 , t: 0
>>>
>>>
```

图 12-11

此程序展开 1000 回合的重复训练后，其预测值（z）与实际值（t）之间的误差大大缩小。另外，老鼠也观察它的玩具兔与玩具熊的相关数据，如表 12-2 所示。

表 12-2　玩具兔和玩具熊

身体重量	尾巴长度（cm）	玩具种类
1	4.2	玩具兔
1	5.6	玩具兔
2	6.0	玩具兔
2	5.2	玩具兔
3	1.3	玩具熊
3	2.1	玩具熊
4	1.4	玩具熊
5	2.0	玩具熊

老鼠用 Ex12-09 程序训练机器人，代码如下。

#Ex12-09

```
import numpy as np
import training
```

```python
W = np.array([ [0.5, 0.5], 0.5])

X = np.array([ [1, 4.2],  [1, 5.6],  [2, 6.0],  [2, 5.2],
               [3, 1.3],  [3, 2.1],  [4, 1.4],  [5, 2.0]])

T = np.array([0,0,0,0,1,1,1,1])

aa = training.Training(X, T)
aa.SetW(W, 0.3)

for row in range(1000):
    aa.Start()

print(aa.GetW())
for row in range(len(X)):
    p = aa.Predict( X[row] )
    print("z:", '%.3f'%p, ", t:", T[row])

px = np.array([2.8, 5.9])
print("-----------------------")
print(px)
p = aa.Predict( px )
if p <= 0.5:
    print("z:", '%.3f'%p, "玩具兔")
else:
    print("z:", '%.3f'%p, "玩具熊")

px = np.array([4.8, 3.3])
print("-----------------------")
print(px)
p = aa.Predict( px )
if p <= 0.5:
    print("z:", '%.3f'%p, "玩具兔")
else:
    print("z:", '%.3f'%p, "玩具熊")
```

此程序展开 1000 回合的重复训练后，其预测值（z）与实际值（t）之间的误差越来越小。

从以上结果看，机器人的学习效果很不错，下面老鼠就检测一下机器人的智能水平。老鼠拿来一只新的 Bunny 玩具兔，量一量它（Bunny）的体重：2.8kg；耳朵长度：5.9cm。老鼠就用下述的命令请机器人认识它是玩具兔，还是玩具熊。命令如下。

```
px = np.array([2.8, 5.9])
# ..........
p = aa.Predict( px )
if p <= 0.5:
    print("z:", '%.3f'%p, "玩具兔")
else:
    print("z:", '%.3f'%p, "玩具熊")
```

程序的结果如图 12-12 所示。

此程序让机器人很准确地说出：[2.8, 5.9]是玩具兔，而[4.8, 3.3]是玩具熊。最后，老鼠想请机器人来帮忙辨识颜色（Color），老鼠已经有了下列的数据，以数组[R, G, B]表示颜色，相关数据如表 12-3 所示。

```
= RESTART: C:\Users\Queena\AppData\Local\Programs\Pytho
[ 2.49740444 -1.94704542]
z: 0.007 , t: 0
z: 0.000 , t: 0
z: 0.002 , t: 0
z: 0.012 , t: 0
z: 0.997 , t: 1
z: 0.984 , t: 1
z: 1.000 , t: 1
z: 1.000 , t: 1
----------------------
[2.8 5.9]
z: 0.022 玩具兔
----------------------
[4.8 3.3]
z: 0.998 玩具熊
>>>
>>>
```

图 12-12

表 12-3　辨识颜色

R, G, B	色系
0, 0, 255	BLUE（以 0 表示）
0, 0, 192	BLUE
243, 80, 59	RED（以 1 表示）
2255, 0, 77	RED

续表

R, G, B	色系
77, 93, 190	BLUE
255, 98, 89	RED
208, 0, 49	RED
67, 15, 210	BLUE
82, 117,174	BLUE
168, 42, 89	RED
238, 48,167	RED

老鼠使用 Ex12-10 程序训练机器人，代码如下。

#*Ex12-10*

```
import numpy as np
import training

W = np.array([ [0.5, 0.5, 0.5], 0.5])

X = np.array([[0, 0, 255],
              [0, 0, 192],
              [243, 80, 59],
              [255, 0, 77],
              [77, 93, 190],
              [255, 98, 89],
              [208, 0, 49],
              [67, 15, 210],
              [82, 117,174],
              [168, 42, 89],
              [238, 48,167]])

T = np.array([0,0,1,1,0,1,1,0,0,1,1])

#----- normalise X[] --------------------
NX = []
for row in X:
    entry_list = []
    for value in row:
```

```
        # Normalise the data. 1/255 ~ 0.003921568
        entry_list.append(float(value*0.003921568))
    NX.append(entry_list)

aa = training.Training(NX, T)
aa.SetW(W, 0.3)

for row in range(10):
    aa.Start()
print("----------------------")

print(aa.GetW())
for row in range(len(X)):
    p = aa.Predict( X[row] )
    print("z:", '%.3f'%p, ", t:", T[row])

px = np.array([228, 105,116])
print("----------------------")
print(px)
p = aa.Predict( px )
if p <= 0.5:
    print("z:", '%.3f'%p, "BLUE(蓝色)")
else:
    print("z:", '%.3f'%p, "RED(红色)")

px = np.array([128, 80, 255])
print("----------------------")
print(px)
p = aa.Predict( px )
if p <= 0.5:
    print("z:", '%.3f'%p, "BLUE(蓝色)")
else:
    print("z:", '%.3f'%p, "RED(红色)")
```

此程序展开 10 回合的重复训练后，其预测值（z）与实际值（t）之间的误差就非常小了。看来机器人的学习效果不错，老鼠就拿[228, 105,116]和[128, 80, 255]请机器人辨识它是属于 BLUE 色系，还是属于 RED 色系？程序的结果如

图 12-13 所示。

```
= RESTART: C:\Users\Queena\AppData\Local\Programs\Python
----------------------
[ 1.95870792  0.26019184 -1.15092937]
z: 0.000 , t: 0
z: 0.000 , t: 0
z: 1.000 , t: 1
z: 1.000 , t: 1
z: 0.000 , t: 0
z: 1.000 , t: 1
z: 1.000 , t: 1
z: 0.000 , t: 0
z: 0.000 , t: 0
z: 1.000 , t: 1
z: 1.000 , t: 1
----------------------
[228 105 116]
z: 1.000 RED(红色)
----------------------
[128  80 255]
z: 0.000 BLUE(蓝色)
>>>
>>>
```

图 12-13

此程序让机器人可以很准确地说出：[228, 105,116]属于红色系，而[128, 80, 255]属于蓝色系。

最后，期待本章的代码范例，能成为你迈向机器学习的坚实基础和 AI 领域的技术巅峰。

第 13 章

使用 TensorFlow 编程

13.1　TensorFlow入门

在前面章节里，编写 Python 程序来表达老鼠的探索与学习过程。这些 Python 程序都是作为用户的学习范例，并不是专业的机器学习及训练环境。在本章里，将开始介绍一个专业的机器学习及训练环境，并教用户如何灵活使用，这个专业的环境，即是 TensorFlow。

TensorFlow 是 Google 开发的开源链接库，也是当前很流行的机器学习库之一。Google 公司本身也大量使用 TensorFlow 来实现机器学习的用途，并实际应用在 Google 照片或语音的搜索功能上。

TensorFlow 这个名字是 "Tensor"（张量）与 "Flow"（数据流）两个字的结合。意味着利用数据流图形来表达 N 维数据数组的数学运算，这些流动（被运算）的 N 维数据数组，就是张量（Tensor）。其灵活的运算架构具有跨平台运算、多核（CPU 或 GPU）分散运算等特色，让它成为当今最流行的 AI 机器学习环境。

TensorFlow

图 13-1

在 2019 年 3 月初，Google 公司推出了 TensorFlow 2.0 Alpha 版本，与 Python 语言能更加方便地融合起来，并统一 API，如图 13-1 所示。

因为 TensorFlow 1.0 与 2.0（Alpha 版）对 Python 和深度学习的功能支持是兼容的，本书仍然采用 TensorFlow 1.0 正式版。

13.2　安装TensorFlow环境

本节说明如何下载并安装 TensorFlow（Windows 版本）。如果用户还没有安装 Python，请先安装 Python。为确保能与 TensorFlow 顺畅整合，在此仍旧下载稳定的 3.6.x 版本。有关 Python 的下载与安装，请参考第 1 章内容，这儿不再详细说明。

接下来安装 TensorFlow。按下<Win+R>键，输入 cmd 开启命令行窗口，如图 13-2 所示。

图 13-2

按下"确定"按钮，出现如图 13-3 所示内容。

图 13-3

然后进入 Python36 的文件夹（工作区），如图 13-4 所示。

图 13-4

开始安装 TensorFlow，使用命令 pip3 install --upgrade tensorflow，如图 13-5 所示。

```
C:\Users\misoo\AppData\Local\Programs\Python\Python36>
C:\Users\misoo\AppData\Local\Programs\Python\Python36>Pip3 install --upgrade ten
sorflow
```

图 13-5

安装过程如图 13-6 所示。

```
Requirement already satisfied, skipping upgrade: setuptools in c:\users\misoo\ap
pdata\local\programs\python\python36\lib\site-packages (from protobuf>=3.6.1->te
nsorflow) (39.0.1)
Installing collected packages: wheel, six, h5py, keras-applications, grpcio, pro
tobuf, markdown, werkzeug, tensorboard, gast, keras-preprocessing, termcolor, as
tor, absl-py, tensorflow
  Running setup.py install for gast ... done
  Running setup.py install for termcolor ... done
  Running setup.py install for absl-py ... done
Successfully installed absl-py-0.6.1 astor-0.7.1 gast-0.2.0 grpcio-1.16.0 h5py-2
.8.0 keras-applications-1.0.6 keras-preprocessing-1.0.5 markdown-3.0.1 protobuf-
3.6.1 six-1.11.0 tensorboard-1.12.0 tensorflow-1.12.0 termcolor-1.1.0 werkzeug-0
.14.1 wheel-0.32.2

C:\Users\misoo\AppData\Local\Programs\Python\Python36>
```

图 13-6

安装好以后，在<IDLE（Python 3.6 64-bit）>开发环境里，输入如图 13-7 所示的命令。

```
Python 3.6.5 Shell
File  Edit  Shell  Debug  Options  Window  Help
Python 3.6.5 (v3.6.5:f59c0932b4, Mar 28 2018, 17:00:18) [MSC v.1900 6
4)] on win32
Type "copyright", "credits" or "license()" for more information.
>>> import tensorflow as tf
>>> |
```

图 13-7

这表示已经可以顺利使用 TensorFlow。由于 TensorFlow 在运行时，会用到 Microsoft Visual C++ 2015 Redistributable 动态链接库（DLL），如果用户还没有安装这个动态库（或安装的是 2015 之前的版本），TensorFlow 会无法找到它，从而出现如图 13-8 所示的错误提示消息。

```
>>> import tensorflow as tf
Traceback (most recent call last):
  File "C:\Users\misoo\AppData\Local\Programs\Python\Python36\l
ib\site-packages\tensorflow\python\pywrap_tensorflow.py", line
58, in <module>
    from tensorflow.python.pywrap_tensorflow_internal import *
  File "C:\Users\misoo\AppData\Local\Programs\Python\Python36\l
ib\site-packages\tensorflow\python\pywrap_tensorflow_internal.p
y", line 28, in <module>
    _pywrap_tensorflow_internal = swig_import_helper()
  File "C:\Users\misoo\AppData\Local\Programs\Python\Python36\l
ib\site-packages\tensorflow\python\pywrap_tensorflow_internal.p
y", line 24, in swig_import_helper
    _mod = imp.load_module('_pywrap_tensorflow_internal', fp, p
athname, description)
  File "C:\Users\misoo\AppData\Local\Programs\Python\Python36\l
ib\imp.py", line 243, in load_module
    return load_dynamic(name, filename, file)
  File "C:\Users\misoo\AppData\Local\Programs\Python\Python36\l
ib\imp.py", line 343, in load_dynamic
    return _load(spec)
ImportError: DLL load failed: 找不到指定的模块。
```

图 13-8

　　此 时，用 户 可 以 到 微 软 官 网 上 寻 找 Microsoft Visual C++ 2015 Redistributable，如图 13-9 所示。

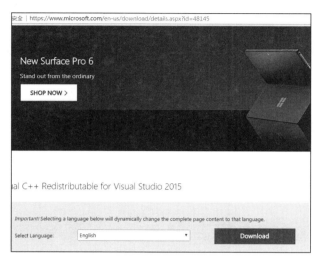

图 13-9

　　单击 Download 按钮，开始下载并安装。安装完成后，在<IDLE（Python 3.6 64-bit）>开发环境里，输入如图 13-10 所示的命令。

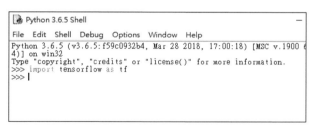

图 13-10

　　这表示已经可以顺利使用 TensorFlow 了。同样，在命令行窗口里，可以安装其他各种 Python 的链接库。例如，安装 Numpy 链接库，使用命令：pip3 install numpy，如图 13-11 所示。

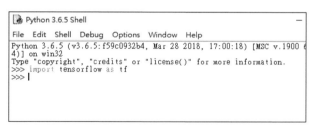

图 13-11

安装完成后，在 **IDLE** 开发环境里，输入命令如图 13-12 所示。

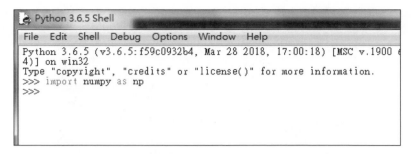

图 13-12

用户还可以安装 Matplotlib 链接库，使用命令：pip3 install matplotlib，如图 13-13 所示。

```
C:\Users\misoo\AppData\Local\Programs\Python\Python36>pip3 install matplotlib
```

图 13-13

安装完成时，出现如图 13-14 所示的结果。

```
Installing collected packages: matplotlib
Successfully installed matplotlib-3.0.2

C:\Users\misoo\AppData\Local\Programs\Python\Python36>
```

图 13-14

到此，TensorFlow 的安装全部完成。

13.3　开始使用TensorFlow

在上一章里，曾使用一个简单的数学公式：

$$y = x1 \times w1 + x2 \times w2 + x3 \times w3 + x4 \times w4$$

其中，数组[x1、x2、x3、x4]代表一次探索的选择，而数组[w1, w2, w3, w4]代表机器人在预测时的权重。机器人经过这个数式子，能快速得出预测值，即老鼠预测从某一个洞出去时，顺利出门的可能性，如图 13-15 所示。

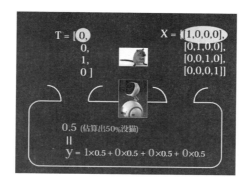

图 13-15

　　这是在一开始老鼠还没有任何经验情况下，运用数学运算得出 0.5 的预测值（即猜想有 50% 是没有猫）。现在看如何撰写 Python 程序表达上述的数学运算，代码如下。

#Ex13-01

```
import numpy as np
X = np.array([ [1,0,0,0], [0,1,0,0], [0,0,1,0], [0,0,0,1] ], np.float32)
W = np.array([0.5, 0.5, 0.5, 0.5], np.float32)
y = np.dot(X, W)
print("y = ", y)
```

　　程序的结果如图 13-16 所示。

```
>>>
= RESTART: C:/Users/Queena/AppData/Local/Pro
y =  [0.5 0.5 0.5 0.5]
>>>
>>>
```

图 13-16

　　利用 numpy 模块的 dot() 函数进行两个数组的乘积，代码如下。

```
y[0] = X[0] *W
     = [1,0,0,0] * [0.5, 0.5, 0.5, 0.5]
     = 1 * 0.5 + 0* 0.5 + 0* 0.5 + 0* 0.5
     = 0.5
y[1] = X[1] *W
     = [0,1,0,0] * [0.5, 0.5, 0.5, 0.5]
     = 1 * 0.5 + 0* 0.5 + 0* 0.5 + 0* 0.5
```

```
        = 0.5
          #..........
```

以上利用 Numpy 来协助进行数组的乘法运算，并没有使用 TensorFlow。同样的运算，可以改用 TensorFlow 编写，代码如下。

#Ex13-02

```
    import numpy as np
import tensorflow as tf

X = np.array([ [1,0,0,0], [0,1,0,0], [0,0,1,0], [0,0,0,1] ], np.float32)
W = np.array([[0.5], [0.5], [0.5], [0.5]], np.float32)

y = tf.matmul(X, W)

sess = tf.Session()
vy = sess.run(y)
print(vy)
```

在这程序里，X 和 W 都是一般的浮点数数组，使用如下命令对其进一步定义。

```
    y = tf.matmul(X, W)
```

以上命令定义了由 matmul() 函数进行两个数组（即 X 和 W）的乘法运算，然后把结果指定给 y 变量，即 y 代表这两个数组的乘积。使用如下命令：

```
    sess = tf.Session()
```

创建一个 Session 对象，并且将此对象的参考（Reference）指定给 sess 变量。所以，sess 就代表这个 Session 对象。接着，输入如下命令：

```
    vy = sess.run(y)
```

用来启动数据流（Flow）：求 y 值。于是运行命令：y = tf.matmul()，也就是呼叫 matmul() 函数进行数组（即 X 和 W）的乘法运算，并产生一个 Tensor 对象来存储结果。然后把这对象的参考（值）指定给 y 变量。于是 y 就代表这个新产生出来的 Tensor 对象，得到 y 值。最后，sess 将这 Tensor 对象（即 y）转换为一般的数组 vy。命令如下：

```
print(vy)
```

输出如图 13-17 所示的结果。

用户需要留意，上述 Session 是 TensorFlow 定义的软件类；而 Tensor 则是 TensorFlow 定义的数据类。

```
>>>
= RESTART: C:\Users\Queena\AppData\Local\Prog
[[0.5]
 [0.5]
 [0.5]
 [0.5]]
>>>
>>>
```

图 13-17

在上述程序里，有一行代码：

```
W = np.array([[0.5], [0.5], [0.5], [0.5]], np.float32)
```

这是 TensorFlow 运算时所需要的格式（Shape），下面使用 reshape()函数转换一下，程序代码如下。

#Ex13-03

```
    import numpy as np
import tensorflow as tf

X = np.array([ [1,0,0,0], [0,1,0,0], [0,0,1,0], [0,0,0,1] ], np.float32)
W = np.array([0.5, 0.5, 0.5, 0.5], np.float32)
vw = np.reshape(W, [4,1])
print("vw:")
print(vw)
print()


y = tf.matmul(X, vw) + 0.2

sess = tf.Session()
vy = sess.run(y)
print("vy:")
print(vy)
print()


sy = np.squeeze(vy)
print("sy:")
print(sy)
```

其中命令 vw = np.reshape（W, [4,1]）将[0.5, 0.5, 0.5, 0.5]转换成为新格式：

[[0.5],[0.5],[0.5],[0.5]]。接下来，使用命令：

```
vy = sess.run(y)
```

然后启动运算，运行命令：y = tf.matmul（X, vw）+0.2，计算出 y 对象（一个 Tensor 对象）的值。然后，sess 将这 y 对象转换为一般的数组 vy。此时，vy 的值为：[[0.7], [0.7],[0.7],[0.7]]。继续如下命令：

```
sy = np.squeeze(vy)
```

该命令把维度为 1（单位维度）的条目删除掉，转换成为：[0.7, 0.7, 0.7,0.7]。程序的结果如图 13-18 所示。

```
>>>
 RESTART: C:/Users/Queena/AppData/Local/Programs/P
vw:
[[0.5]
 [0.5]
 [0.5]
 [0.5]]

vy:
[[0.7]
 [0.7]
 [0.7]
 [0.7]]

sy:
[0.7 0.7 0.7 0.7]
>>>
>>>
```

图 13-18

上述的 W 和 vw 都是常数数组，都含有常数值。可以将常数值存入 TensorFlow 的变量（即 TensorFlow 的对象），代码如下。

#Ex13-04

```python
import numpy as np
import tensorflow as tf

X = np.array([ [1,0,0,0], [0,1,0,0], [0,0,1,0], [0,0,0,1] ], np.float32)
W = np.array([0.5, 0.5, 0.5, 0.5], np.float32)
vw = np.reshape(W, [4,1])

dx = tf.Variable(X, tf.float32)
dw = tf.Variable(vw, tf.float32)

adding = dw.assign(dw + 0.2)
```

```
y = tf.matmul(dx, dw)

sess = tf.Session()
init = tf.global_variables_initializer()
sess.run(init)
sess.run(adding)
vy = sess.run(y)

print("y: " , np.squeeze(vy))
```

其中如下两行命令：

```
dx = tf.Variable(X, tf.float32)
dw = tf.Variable(vw, tf.float32)
```

它们说明 dx 和 dw 是 TensorFlow 的变量，将把 X 数组的值存入 dx 变量里，而且把 vw 数组的值存入 dw 变量里。输入如下命令：

```
sess.run(init)
```

该命令启动运行时，会运行如下命令：

```
init = tf.global_variables_initializer()
```

然后去运行如下命令：

```
dx = tf.Variable(X, tf.float32)
dw = tf.Variable(vw, tf.float32)
```

开始把 X 数组的值存入 dx 变量中，而且把 vw 数组的值存入 dw 变量中。当命令启动运行时：

```
sess.run(adding)
```

运行如下命令：

```
adding = dw.assign(dw + 0.2)
```

该行命令就是把 0.2 加入 dw 对象里（即将 0.2 加入 dw 数组的每一个元素）。当如下命令启动运行时：

```
vy = sess.run(y)
```

就会运行命令：y = tf.matmul（dx, dw），计算出 dx 与 dw 数组的乘积，成为 y 的值。然后，sess 将 y 对象转换成一般的数组 vy。此时，vy 的值为：[[0.7], [0.7],[0.7],[0.7]]。继续运行如下命令：

```
print("y: " , np.squeeze(vy))
```

该命令把维度为 1 的条目删除掉，并显示于画面上，结果如图 13-19 所示。

```
>>>
= RESTART: C:\Users\Queena\AppData\Local\Program
y:  [0.7 0.7 0.7 0.7]
>>>
>>>
```

图 13-19

刚才介绍 TensorFlow 的变数观念和用法。现在介绍如何传递参数，以及如何预留空间来接受和存储参数值，这里会用到 tf.placeholder 术语，即占位符（Placeholder）。范例如下。

#Ex13-05

```
    import numpy as np
import tensorflow as tf

X = np.array([ [1,0,0,0], [0,1,0,0], [0,0,1,0], [0,0,0,1] ], np.float32)
X2= np.array([ [5,0,0,0], [0,5,0,0], [0,0,5,0], [0,0,0,5] ], np.float32)

W = np.array([0.5, 0.5, 0.5, 0.5], np.float32)
vw = np.reshape(W, [4,1])

px = tf.placeholder(tf.float32, shape=[4, 4])
dw = tf.Variable(vw, tf.float32)

y = tf.matmul(px, dw)

sess = tf.Session()
init = tf.global_variables_initializer()
sess.run(init)
```

```
vy = sess.run(y, feed_dict={px: X})
print("y: " , np.squeeze(vy))


vy = sess.run(y, feed_dict={px: X2})
print("y1: " , np.squeeze(vy))
```

该程序中有一行命令：

```
px = tf.placeholder(tf.float32, shape=[4, 4])
```

该命令叙述以下内容：px 是 TensorFlow 的占位符，将接受运行时所传递来的参数值。当如下命令启动运行时：

```
vy = sess.run(y, feed_dict={px: X})
```

它会将 X 数组的值传递给 px 占位符，然后运行命令：y = tf.matmul（px, dw），计算出 X 和 dw 数组的乘积，成为 y 的值。此时，sess 将这 y 对象转换成为一般的数组 vy。然后，把维度为 1 的条目删除掉，并输出其值。接下来，启动运行如下命令：

```
vy = sess.run(y, feed_dict={px: X2})
```

这会将 X2 数组的值传递给 px 占位符，然后运行命令：y = tf.matmul（px, dw），计算出 X2 和 dw 数组的乘积，成为 y 的值。此时，sess 将这 y 对象转换成为一般的数组 vy。然后，把维度为 1 的条目删除掉，并输出其值。程序的运行结果如图 13-20 所示。

```
>>>
 RESTART: C:/Users/Queena/AppData/Local/Prog
y:  [0.5 0.5 0.5 0.5]
y1:  [2.5 2.5 2.5 2.5]
>>>
>>>
```

图 13-20

13.4　展开第1回合的训练：以老鼠教练为例

在上一章里，说明如何撰写 Python 程序表示机器人的学习过程。现在进一步说明如何使用 TensorFlow 来展示机器人的学习过程，并使用 TensorFlow 的精致算法实现更深入的机器学习。复习一下这个简单的机器学习数学公式，如图 13-21 所示。

第#0 次训练数据如下：x[0] = [1,0,0,0]。其中，x1 的值为 1。而 x2、x3 和

x4 的值都是：0，所以，预测 y 值如下：

```
y = 1*0.5 + 0*0.5 + 0*0.5 + 0*0.5 = 0.5
```

这是一开始老鼠在还没有任何经验，运用其现有智能预测，得出的 y 预测值：0.5。然后把 t[0] 与 y 两者相减，得到误差值为：-0.5。接着拿这项误差值（即 -0.5）修正机器人里的数学公式，如图 13-22 所示。

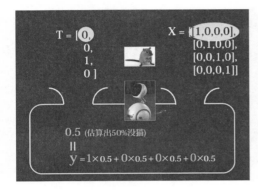

图 13-21

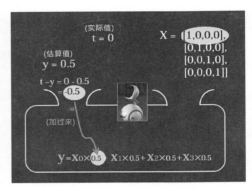

图 13-22

此时，拿这项误差值（即 -0.5）与权重相加，其计算结果：-0.5 + 0.5 = 0.0。因此，得到新的权重：0.0，如图 13-23 所示。

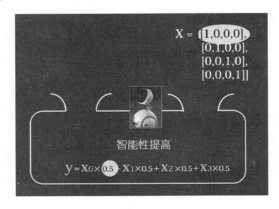

图 13-23

这是针对第 #0 次训练数据（即 x[0]= [1,0,0,0]），基于这次训练而调整后的权重资料（即 w[] = [0.0, 0.5, 0.5, 0.5]）。接着，基于刚才得到的最新权重（即 w[] = [0.0, 0.5, 0.5, 0.5]）来进行第 #1 次数据（即 x[1]= [0,1,0,0]）的训练。于是进行预测和调整权重，调整后的最新权重：w[] = [0.0, 0.0, 0.5, 0.5]。然后，依序循环运算下去，做完总共 4 次的训练。现在，通过 TensorFlow 实现上述训练过程，代码如下。

#*Ex13-06*

```
import numpy as np
import tensorflow as tf

dx = np.array([ [1,0,0,0], [0,1,0,0], [0,0,1,0], [0,0,0,1] ], np.float32)
dt = np.array([0, 0, 1, 0], np.float32)
dw = np.array([0.5, 0.5, 0.5, 0.5], np.float32)

dw = np.reshape(dw, [4,1])
dt = np.reshape(dt, [4,1])

X = tf.placeholder(tf.float32, shape=[4, 4])
T = tf.Variable(dt, tf.float32)
W = tf.Variable(dw, tf.float32)

y = tf.matmul(X, W)
error = T - y
deltaW = tf.matmul(tf.transpose(X), error )
W_ = W + deltaW

step = tf.group(W.assign(W_))

sess = tf.Session()
init = tf.global_variables_initializer()
sess.run(init)

sess.run(step, feed_dict={X: dx})

W = np.squeeze(sess.run(W))

print("w: ", W)
print("-----------------------")
```

```
predict = sess.run(y, feed_dict={X: dx})
for i in range(4):
    print("y:", '%.3f'%predict[i], "  t:", '%d'%dt[i])
```

此程序依序做完总共 4 组数据的训练后，最终的权重：w[] = [0.0, 0.0, 1.0, 0.0]。最后，此程序依据最终的权重，来重新检测机器人的智能，比较其预测值与实际值是否一致，输出结果如图 13-24 所示。

```
>>>
= RESTART: C:\Users\Queena\AppData\Local\Prog
w:  [0. 0. 1. 0.]
------------------------
y: 0.000    t: 0
y: 0.000    t: 0
y: 1.000    t: 1
y: 0.000    t: 0
>>>
>>>
```

图 13-24

这机器人所算出的预测值（即 y 值），与实际值（即 t 值）一致。至此，经过检测后，可以看到机器人的智能性已相当不错，其预测值符合训练的要求。

13.5 展开100回合更周全的训练

上一节里的机器学习算法比较简单，可以让用户更容易理解其背后的原理。理解之后，就能增添其算法的高级功能。例如，添加上偏移值（Bias）和学习率（Learning Rate）。

偏移值是一个门槛值（或称阈值），例如一位学生早上醒来，如果心情不太好，就常常不想去上学。其考虑的因素有两个：x1 代表他心情坏的程度，x2 代表他对该课程的讨厌程度。依据数学公式：x1×w1 + x2×w2。如果：

```
 x1*w1 + x2*w2  >= b
```

他就打电话去学校请假（不去上学）；反之就会去上学。这个数学式相当于：

```
 x1*w1 + x2*w2 - b  >= 0
```

至于学习率则决定每次（每笔资料）训练时，对权重（weights）和偏移值

（bias）的调整幅度。幅度太小，可能需要更长的学习时间，而幅度太大则可能跳过最优解。不同的算法，各有不同的策略设定其学习率。现在来看一个更精致的算法，范例代码如下。

#Ex13-07

```python
import numpy as np
import tensorflow as tf


vx = np.array([[7.5, 5.5], [3.1, 12.3],[6.8, 3.6],[1.2, 8.6]],
np.float32)
vt = np.array([1, 0, 1, 0], np.float32)
vw = np.array([0.25, 0.25], np.float32)


vw = np.reshape(vw, [2,1])
vt = np.reshape(vt, [4,1])


X = tf.placeholder(tf.float32, shape=[4, 2])
T = tf.placeholder(tf.float32, shape=[4, 1])


W = tf.Variable(vw, tf.float32)
B = tf.Variable(tf.ones([1, 1]), tf.float32)


z = tf.sigmoid( tf.add(tf.matmul(X, W), B) )
error = T - z
deriv = z * (1 - z)
delta = 2*error*deriv
deltaW = tf.matmul(tf.transpose(X), delta )
deltaB = tf.reduce_sum(error, 0)
W_ = W + 0.05 * deltaW  # learning rate: 0.05
```

```
B_ = B + 0.05 * deltaB

step = tf.group(W.assign(W_), B.assign(B_))

sess = tf.Session()
init = tf.global_variables_initializer()
sess.run(init)

for k in range(100):
    sess.run([step], feed_dict={X: vx, T: vt})

W = np.squeeze(sess.run(W))
b = np.squeeze(sess.run(B))

print(W)
predict = sess.run(z, feed_dict={X: vx, T: vt})
for i in range(4):
    print("z:", '%.3f'%predict[i], "  t:", '%d'%vt[i])
```

除了偏移值和学习率，该程序还增添了 Sigmoid 激励函数，让算法更为完善。在这个程序里，设定其学习率为：0.05。并且训练 100 回合后，输出结果如图 13-25 所示。

```
>>>
 RESTART: C:/Users/Queena/AppData/Local/Programs/P
abbit.py
-------------------------------
[ 0.7326959  -0.54834884]
z: 0.959 , t: 1.0
z: 0.022 , t: 0.0
z: 0.975 , t: 1.0
z: 0.040 , t: 0.0
>>>
>>>
```

图 13-25

机器人所算出的预测值（即 z 值），与实际值（即 t 值）还有一些误差。可以看到，经过更多回合的训练后，其误差会逐渐缩小。

13.6　设计Perceptron类

针对上一个范例程序，将其代码封装为一个 Perceptron 类。其算法与上一个范例程序一样，程序代码如下。

#Ex13-08

```
import numpy as np

import tensorflow as tf


dx = np.array([[7.5, 5.5], [3.1, 12.3],[6.8, 3.6],[1.2, 8.6]],
np.float32)

dt = np.array([1, 0, 1, 0], np.float32)
dw = np.array([0.25, 0.25], np.float32)
db = np.array([1], np.float32)


LEN, N = np.shape(dx)

class Perceptron(object):
    def __init__(self, dx, dw, dt, db):
        self.dx = dx
        self.dw = dw
        self.dt = dt
        self.db = db
        self.lr = 0.05

    def training(self, iteration):
      vt = np.reshape(self.dt, [4,1])
      vw = np.reshape(self.dw, [2,1])
      X = tf.placeholder(tf.float32, shape=[4, 2])
      T = tf.placeholder(tf.float32, shape=[4, 1])
      W = tf.Variable(vw, tf.float32)
      B = tf.Variable(self.db, tf.float32)

      z = tf.sigmoid( tf.add(tf.matmul(X, W), B) )
```

```
            err = T - z
            deriv = z * (1 - z)
            delta = 2*err*deriv
            deltaW = tf.matmul(tf.transpose(X), delta )
            deltaB = tf.reduce_sum(err, 0)
            W_ = W + self.lr * deltaW
            B_ = B + self.lr * deltaB

            step = tf.group(W.assign(W_), B.assign(B_))
            sess = tf.Session()
            init = tf.global_variables_initializer()
            sess.run(init)

            for k in range(iteration):
                sess.run([step], feed_dict={X: self.dx, T: vt})

            W = np.squeeze(sess.run(W))
            b = np.squeeze(sess.run(B))

            self.weights = W
            self.bias = b

# ------------------------------------------------
p = Perceptron(dx, dw, dt, db)
p.training(100)

print("------------------------------")
print(p.weights)

for row in range(LEN):
    v = np.dot(dx[row], p.weights)
    v += p.bias
    z = float(1/(1 + np.exp(-v)))
    print("z:", '%.3f'%z, ", t:", dt[row])
```

这个 Perceptron 类定义了 __init__() 构造函数，以及 training() 函数。其目的是将 TensorFlow 相关的命令都封装于 Perceptron 类里。于是，在类之外不会用到 TensorFlow 的相关命令。输入如下命令：

```
for row in range(LEN):
    v = np.dot(dx[row], p.weights)
    v += p.bias
    z = float(1/(1 + np.exp(-v)))
    print("z:", '%.3f'%z, ", t:", dt[row])
```

这段命令只用到 numpy 的命令或函数，看不到 TensorFlow 的相关命令。添加一个 Loss() 函数算出预测值与实际值之间的误差（即−0.5）。此范例仍然设定一样的学习率：0.05，并且训练 100 回合，与上一个范例一样，输出相同的结果，如图 13-26 所示。

```
>>>
 RESTART: C:/Users/Queena/AppData/Local/Programs/P
abbit.py
----------------------------
[ 0.7326959  -0.54834884]
z: 0.959 , t: 1.0
z: 0.022 , t: 0.0
z: 0.975 , t: 1.0
z: 0.040 , t: 0.0
>>>
>>>
```

图 13-26

13.7　采用TensorFlow的损失函数

TensorFlow 提供许多损失函数，包括误差平方和、均方误差等，然后设定损失最小的优化策略。案例代码如下。

#Ex13-09

```
import numpy as np
import tensorflow as tf


dx = np.array([[7.5, 5.5], [3.1, 12.3],[6.8, 3.6],[1.2, 8.6]],
np.float32)
```

```
dt = np.array([1, 0, 1, 0], np.float32)
db = np.array([1], np.float32)

LEN, N = np.shape(dx)


class Perceptron(object):
    def __init__(self, dx, dt, db, lr):
        self.dx = dx
        self.dt = dt
        self.db = db
        self.lr = lr


    def training(self, iteration):
      vt = np.reshape(self.dt, [4,1])
      X = tf.placeholder(tf.float32, shape=[4, 2])
      T = tf.placeholder(tf.float32, shape=[4, 1])
      W = tf.Variable(tf.random_normal(shape=(2,1)))
      B = tf.Variable(self.db, tf.float32)

      z = tf.sigmoid( tf.add(tf.matmul(X, W), B) )
      loss = tf.reduce_sum(tf.square(T - z))
      train =
tf.train.AdamOptimizer(learning_rate=self.lr).minimize(loss)

      sess = tf.Session()
      init = tf.global_variables_initializer()
      sess.run(init)

      for k in range(iteration):
        sess.run(train, feed_dict={X: self.dx, T: vt})

      W = np.squeeze(sess.run(W))
      b = np.squeeze(sess.run(B))
```

```
        self.weights = W

        self.bias = b


        self.result = sess.run(z, feed_dict={X: self.dx})


# ----------------------------------------------
p =  Perceptron(dx, dt, db, 0.05)
p.training(500)


print("------------------------------")
print(p.weights)


for row in range(LEN):
    print("z:", '%.3f'%p.result[row], ", t:", dt[row])
```

其中的命令：

```
loss = tf.reduce_sum(tf.square(T - z))
```

定义了损失函数为误差平方和。然后使用如下命令，进行最小平方误差优化策略的训练。

```
train = tf.train.AdamOptimizer(
    learning_rate=self.lr).minimize(loss)
```

其设定学习率为：0.05，共训练 500 回合，输出结果如图 13-27 所示。

```
>>>
 RESTART: C:\Users\Queena\AppData\Local\Programs\Python\Pyt
py
------------------------------
[ 1.081888  -0.7011433]
z: 0.989 , t: 1.0
z: 0.007 , t: 0.0
z: 0.994 , t: 1.0
z: 0.011 , t: 0.0
>>>
>>>
```

图 13-27

13.8 撰写多层Perceptron程序

上一个范例实现了单层的 Perceptron 架构。本节将进一步设计多层的
Perceptron 架构，可以提供更优化的算法。程序代码如下。

#Ex13-10

```python
import numpy as np
import tensorflow as tf

dx = np.array([[1, 0, 0, 0], [0, 1, 0, 0], [0, 0, 1, 0], [0, 0, 0, 1]],
np.float32)
dt = np.array([0, 0, 1, 0], np.float32)

Row, Node = np.shape(dx)

class MLP(object):
    def __init__(self, dx, dt, lr):
        self.dx = dx
        self.dt = dt
        self.lr = lr

    def training(self, iteration):
        LEN, N = np.shape(self.dx)
        HN = 4
        t = np.reshape(self.dt, [LEN,1])
        X = tf.placeholder(tf.float32, shape=[LEN, N])
        T = tf.placeholder(tf.float32, shape=[LEN, 1])

        w1 = tf.Variable(tf.random_normal(shape=(N,HN)))
        b1 = tf.Variable(tf.random_normal(shape=(1,HN)))

        #-----------------------------------------------------
        W = tf.Variable(tf.random_normal(shape=(HN,1)))
        B = tf.Variable(tf.random_normal(shape=(1,1)))
```

```
    hidden_z = tf.sigmoid(tf.matmul(X, w1) + b1)
    z = tf.sigmoid( tf.add(tf.matmul(hidden_z, W), B) )

    loss = tf.reduce_sum(tf.square(T - z))
    train =
tf.train.AdamOptimizer(learning_rate=self.lr).minimize(loss)

    sess = tf.Session()
    init = tf.global_variables_initializer()
    sess.run(init)

    for k in range(iteration):
        sess.run([train], feed_dict={X: self.dx, T: t})

    W = np.squeeze(sess.run(W))
    b = np.squeeze(sess.run(B))

    self.result = sess.run(z, feed_dict={X: self.dx})

    self.weights = W
    self.bias = b


# ---------------------------------------------
p = MLP(dx, dt, 0.05)
p.training(2000)

print("-----------------------------")
print(p.weights)

for row in range(Row):
    print("z:", '%.3f'%p.result[row], ", t:", dt[row])
```

　　其中的隐藏层（Hidden layer）有 4 个单元（Node）。这与上一个范例相比，其学习率仍为 0.05，仍然训练 500 回合（Epoch），其预测的准确度有一定的提升（与上一个范例相比），结果如图 13-28 所示。

```
>>>
 RESTART: C:\Users\Queena\AppData\Local\Programs\Python\Pyth
--------------------------------
[ 1.0668163 -4.479963   1.2154422  2.8685744]
z: 0.013 , t: 0.0
z: 0.014 , t: 0.0
z: 0.981 , t: 1.0
z: 0.013 , t: 0.0
>>>
>>>
```

图 13-28

如果学习率仍为 0.05，而增加为训练 2000 回合，其预测的准确率会更高，如图 13-29 所示。

```
>>>
 RESTART: C:\Users\Queena\AppData\Local\Programs\Python\Py
--------------------------------
[-2.962726  -2.4678683 -3.39772   -4.4021063]
z: 0.001 , t: 0.0
z: 0.001 , t: 0.0
z: 0.993 , t: 1.0
z: 0.001 , t: 0.0
>>>
>>>
```

图 13-29

以上各范例是基于老鼠当教练的情境，来介绍 TensorFlow 应用程序的编写。在下一章里，将针对更复杂的应用情境，使用更多的训练数据，展现 TensorFlow 的强大功能。

第 14 章

TensorFlow 应用范例

14.1 mnist手写数字识别范例

本章进一步用 TensorFlow 的"手写数字识别（MNIST）"范例来讲解上一章案例的剩余部分，期待这两个范例的衔接，能成为你进入机器学习世界的美好起点。

当今的机器学习（含深度学习）主要是利用数据（Data）来训练各式各样的神经网络模型（NN Model），再加以检验（测试）可靠度，然后善加应用。

TensorFlow 底层使用 C++编写，这大幅提升了其计算效率，并可以使用 tf.Session 对象连接 Python（或 Java 等）与 C++协同运行。上层的 Python 主要是来设计、定义模型，并建立 TensorFlow 的图形和数据流，最后通过 tf.Session.run()函数来传递给底层运行。

在 MNIST 手写数字识别范例里，也是选定一个 NN 模型，然后基于含有大量数字图片的数据库，给予训练而学习识别手写数字的能力。MNIST 是一个小型的手写数字图片库，它含有 70,000 张图片，包括 55,000 张训练用的图片、10,000 张测试用的图片，以及 5000 张验证用的图片。其中，每一张图片都是 28 像素×28 像素。首先来看一个简单案例，程序代码如下。

#Ex14-01

```
import tensorflow as tf
import numpy as np
import matplotlib.pyplot as plt

from tensorflow.examples.tutorials.mnist import input_data
mnist = input_data.read_data_sets("model_data/", one_hot=True)

x_train = mnist.train.images
t_train = mnist.train.labels
x_test = mnist.test.images
t_test = mnist.test.labels
x_va = mnist.validation.images
t_va = mnist.validation.labels

print("--- train -------------")
```

```
print(x_train.shape)
print(t_train.shape)
print()
print("--- test -------------")
print(x_test.shape)
print(t_test.shape)
print()
print("--- validation -------")
print(x_va.shape)
print(x_va.shape)

curr_img = np.reshape(x_train[1, :], (28, 28))
plt.matshow(curr_img, cmap=plt.get_cmap('gray'))
plt.show()
```

此程序的命令如下：

```
from tensorflow.examples.tutorials.mnist import input_data
```

先置入 mnist 软件模块的 input_data.py 代码，接着使用它的 read_data_sets() 函数去云端下载 mnist 数据库里的图片集。然后使用如下命令定义 x_train 代表 mnist 数据库里的训练图片集，代码如下：

```
x_train = mnist.train.images
t_train = mnist.train.labels
    #...............
```

使用 t_train 代表 mnist 数据库里的训练标签（Label）集，命令如下：

```
print(x_train.shape)
print(t_train.shape)
#................
```

这里显示出 mnist 里的训练图片张数，以及搭配的标签个数。命令如下：

```
curr_img = np.reshape(x_train[1, :], (28, 28))
```

然后从 x_train 训练图片集里选出一张图片，命令如下：

```
plt.matshow(curr_img, cmap=plt.get_cmap('gray'))
plt.show()
```

该程序就把这一张图片里的 28 像素×28 像素以图形方式绘制出来，输出结果如图 14-1 所示。

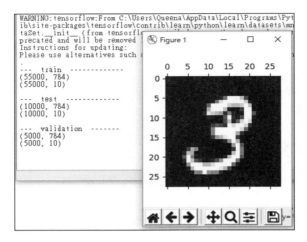

图 14-1

这张图显示如下内容。

- 在 MNIST 手写数字图片库里，它提供了 55,000 张图片（Image）用来训练 NN 模型，还有搭配的 55,000 个标签（Label）。
- 训练完毕后，再利用 10,000 张图片进行对模型的测试，也搭配 10,000 个标签。
- 最后，进行验证。其提供的 5000 张图片作为验证的用途，也搭配 5000 个标签。

而选出来的一个图片是"3"。也许用户会问，图片所搭配的标签是什么？它用来告诉计算机某个图片所代表的正确数字。整个训练过程，就是通过 NN 模型来预测某图片呈现的图形是代表哪一个数字。计算机拿这预测值来与标签所记载的实际值相比较，来计算输入误差值，再拿这误差值来调整权重。下面再看一个程序，代码如下。

#Ex14-02

```
import tensorflow as tf
import numpy as np
import matplotlib.pyplot as plt


from tensorflow.examples.tutorials.mnist import input_data
```

```
mnist = input_data.read_data_sets("model_data/", one_hot=True)

x_train = mnist.train.images
t_train = mnist.train.labels


curr_img   = np.reshape(x_train[100, :], (28, 28))
curr_label = t_train[100, :]


print(curr_label)
print("number:", np.argmax(curr_label))


plt.matshow(curr_img, cmap=plt.get_cmap('gray'))
plt.show()
```

此程序的命令如下：

```
curr_img   = np.reshape(x_train[100, :], (28, 28))
curr_label = t_train[100, :]
```

选出第 100 张图片，以及其搭配的标签。命令如下：

```
print(curr_label)
print("number:", np.argmax(curr_label))
```

则把该标签内容显示出来。然后把这一张图片里的 28 像素×28 像素以图形方式绘制出来，输出结果如图 14-2 所示。

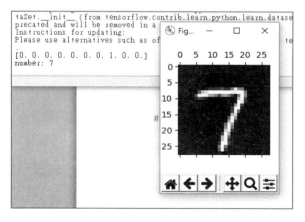

图 14-2

这第 100 个标签的内容是：[0,0,0,0,0,0,0,1,0,0]。其第 7 个元素值为 1，代表阿拉伯数字 7。这相当于告诉计算机：第 100 张图片的正确答案（实际值）是 7。

14.2　开始训练 NN 模型

准备好了训练数据（55,000 张图片）集，就能展开训练。首先建立一个简单的 NN 模型（即单层 Perceptron 模型），以便比较容易观察训练的结果，可以看到其不断地提升智能性，也就是表现出来的结果：对特定图片的识别预测值，就越接近其标签所定的实际值。如下例，程序代码如下。

#Ex14-03

```
import tensorflow as tf
import numpy as np
import matplotlib.pyplot as plt

from tensorflow.examples.tutorials.mnist import input_data
mnist = input_data.read_data_sets("model_data/", one_hot=True)
x_train = mnist.train.images
t_train = mnist.train.labels
select_x, select_t = mnist.train.next_batch(1)

X = tf.placeholder(tf.float32, shape=[None, 784])
T = tf.placeholder(tf.float32, shape=[None, 10])
W = tf.Variable(tf.zeros([784, 10]))
B = tf.Variable(tf.zeros([10]))

z = tf.nn.softmax(tf.matmul(X,W) + B)

sess = tf.Session()
init = tf.global_variables_initializer()
sess.run(init)

print("===  Ex14-03  ===")
print("--------- init -------------------")
```

```
    print("number:", np.argmax(select_t))
    predict = sess.run(z, feed_dict={X: select_x, T: select_t})
    for i in range(10):
        print("z:", '%.3f'%predict[0, i], " t:", '%d'%select_t[0, i])


    #-------------- training -----------------------
    loss = tf.reduce_mean(-tf.reduce_sum(T * tf.log(z),
reduction_indices=[1]))
    train_step =
tf.train.GradientDescentOptimizer(0.05).minimize(loss)
    for i in range(500):
        batch_x,batch_t = mnist.train.next_batch(100)
        sess.run([train_step], feed_dict={X: batch_x, T: batch_t})


    print()
    print("---- after 500 iterations ------")
    print("number:", np.argmax(select_t))
    predict2 = sess.run(z, feed_dict={X: select_x, T: select_t})
    for i in range(10):
        print("z:", '%.3f'%predict2[0, i], " t:", '%d'%select_t[0, i])


    #-------------- training -----------------------
    loss = tf.reduce_mean(-tf.reduce_sum(T * tf.log(z),
reduction_indices=[1]))
    train_step =
tf.train.GradientDescentOptimizer(0.05).minimize(loss)
    for i in range(4500):
        batch_x,batch_t = mnist.train.next_batch(100)
        sess.run([train_step], feed_dict={X: batch_x, T: batch_t})


    print()
    print("---- after 5000 iterations ------")
    print("number:", np.argmax(select_t))
    predict2 = sess.run(z, feed_dict={X: select_x, T: select_t})
    for i in range(10):
        print("z:", '%.3f'%predict2[0, i], " t:", '%d'%select_t[0, i])
```

此程序首先运行命令：

```
select_x, select_t = mnist.train.next_batch(1)
```

这从训练图片集中随意挑出一张图片，来检验其训练过程的阶段性成果。然后建立一个单层的 Perceptron 模型，它的输入层含有 784 个输入神经元（因为一张图片有 784 个像素）；而输出层则有 10 个神经元（因为用 10 个二进制数来代表所写的阿拉伯数字）。代码如下：

```
W = tf.Variable(tf.zeros([784, 10]))
B = tf.Variable(tf.zeros([10]))
```

这个程序中设定 W[]和 B[]的初期值都为零（为了比较好理解其初期值）。接着，输入命令：

```
z = tf.nn.softmax(tf.matmul(X,W) + B)
```

这儿采用 Softmax 激励函数，它适用于多个输出神经元的模型，可以确保所有输出神经元之和为 1.0，也可以直观地比较各输出神经元的值。命令如下：

```
print("--------- init -------------------")
print("number:", np.argmax(select_t))
predict = sess.run(z, feed_dict={X: select_x, T: select_t})
for i in range(10):
    print("z:", '%.3f'%predict[0, i], " t:", '%d'%select_t[0, i])
```

在还没展开训练前，根据初期设定的 W[]和 B[]值来估算其 z[]值，并显示出来让用户与实际 t[]值相比较。然后开始展开训练：

```
#--------------- training -----------------------
loss = tf.reduce_mean(-tf.reduce_sum(T * tf.log(z),
reduction_indices=[1]))
train_step =
  tf.train.GradientDescentOptimizer(0.05).minimize(loss)
for i in range(500):
  batch_x,batch_t = mnist.train.next_batch(100)
  ess.run([train_step], feed_dict={X: batch_x, T: batch_t})
```

每一回合拿 100 张（图片）来训练这个模型（即调整其 W[]和 B[]值），并进行 500 个回合。命令如下：

```
print("---- after 500 iterations ------")
print("number:", np.argmax(select_t))
predict2 = sess.run(z, feed_dict={X: select_x, T: select_t})
for i in range(10):
  print("z:", '%.3f'%predict2[0, i], " t:", '%d'%select_t[0, i])
```

这是根据最新的 W[]和 B[]值来估算其 z[]值,并显示出来让用户与实际 t[]值相比较。

最后,再增强训练 4500 个回合,继续调整其 W[]和 B[]值。再根据最新的 W[]和 B[]值来估算其 z[]值,并显示出来让用户与实际 t[]值相比较,结果如图 14-3 所示。

一开始,W[]和 B[]值都为 0,针对所挑选的这一张图片,来估算其 z 值都为 0.1。所以,这 NN 模型没有能力识别其代表的阿拉伯数字。经过 500 个回合的训练后,更新了 W[]和 B[]值,会发现其智能性提升,并可以看出第#2 输出神经元的预测值是最高的(即 0.824)。这意味着 NN 模型已经能够识别出这张图片代表着阿拉伯数字:“2”。

```
=== Ex14-03 ===
-------- init -----------------
number: 2
z: 0.100    t: 0
z: 0.100    t: 0
z: 0.100    t: 1
z: 0.100    t: 0
z: 0.100    t: 0
z: 0.100    t: 0
z: 0.100    t: 0
z: 0.100    t: 0
z: 0.100    t: 0
z: 0.100    t: 0

---- after 500 iterations ------
number: 2
z: 0.011    t: 0
z: 0.001    t: 0
z: 0.824    t: 1
z: 0.003    t: 0
z: 0.009    t: 0
z: 0.012    t: 0
z: 0.018    t: 0
z: 0.001    t: 0
z: 0.107    t: 0
z: 0.013    t: 0

---- after 5000 iterations ------
number: 2
z: 0.000    t: 0
z: 0.000    t: 0
z: 0.962    t: 1
z: 0.000    t: 0
z: 0.000    t: 0
z: 0.001    t: 0
z: 0.001    t: 0
z: 0.000    t: 0
z: 0.034    t: 0
z: 0.000    t: 0
>>>
```

图 14-3

再经过 4500 个回合的训练后，继续更新 W[]和 B[]值，智能性提升后，可以看出来第#2 输出神经元的预测值继续提升，而且是最高（即 0.962）。这意味着 NN 模型越来越准确地识别出这张图片代表阿拉伯数字："2"。

14.3　改进 NN 模型：建立两层Perceptron

上述的范例里，为容易理解起见，只建立单层的 Perceptron 模型（也是一种 NN 模型）。现在，就来改进（优化）这个模型，来建立两层的 Perceptron 模型。但仍然使用相同的图片数据库来训练这个新的模型，程序代码如下。

#Ex14-04

```
import tensorflow as tf
import numpy as np
from tensorflow.examples.tutorials.mnist import input_data
mnist = input_data.read_data_sets("MNIST_data/",one_hot = True)


in_nodes = 784
hi_nodes = 300


x_train = mnist.train.images
t_train = mnist.train.labels
x_test = mnist.test.images
t_test = mnist.test.labels


select_x = mnist.test.images[0:1]
select_t = mnist.test.labels[0:1]


# hidden layer
hidden_W = tf.Variable(tf.truncated_normal([in_nodes,
hi_nodes],stddev = 0.1))
hidden_B = tf.Variable(tf.zeros([hi_nodes]))


# output layer
W = tf.Variable(tf.zeros([hi_nodes,10]))
B = tf.Variable(tf.zeros([10]))
```

```
    X = tf.placeholder(tf.float32,[None,in_nodes])
    T = tf.placeholder(tf.float32,[None,10])

    layer_1 = tf.nn.relu(tf.matmul(X,hidden_W) + hidden_B)
    z = tf.nn.softmax(tf.matmul(layer_1,W) + B)

    sess = tf.InteractiveSession()
    init = tf.global_variables_initializer()
    sess.run(init)

    print("=== Ex14-04 ===")
    print("--------- after 5000 iterations----------------")
    loss = tf.reduce_mean(-tf.reduce_sum(T *
tf.log(z),reduction_indices = [1]))
    train_step =
tf.train.GradientDescentOptimizer(0.05).minimize(loss)

    for i in range(5000):
        batch_x,batch_t = mnist.train.next_batch(100)
        sess.run([train_step], feed_dict={X: batch_x, T: batch_t})

    print("number:", np.argmax(select_t))
    predict = sess.run(z, feed_dict={X: select_x})
    for i in range(10):
        print("z:", '%.3f'%predict[0, i], " t:", '%d'%select_t[0, i])
```

在范例中，建立一个两层的 Perceptron 模型（一种简单的 NN 模型），它比上一个范例里的单层 Perceptron 模型复杂一些，但其学习能力增强一些，也就是具有更高的智能（更准确的识别能力）。命令如下：

```
in_nodes = 784
hi_nodes = 300
```

定义输入层含有 784 个神经元；隐藏层（Hidden Layer）含有 300 个神经元；还跟上一个范例一样，含有 10 个输出层神经元。命令如下：

```
hidden_W = tf.Variable(tf.truncated_normal([in_nodes, hi_nodes],
```

```
stddev = 0.1))
   hidden_B = tf.Variable(tf.zeros([hi_nodes]))
```

这定义隐藏层的权重（Weight）数组为：hidden_W[784, 300]；而其偏移值（Bias）数组为：hidden_B[300]。命令如下：

```
W = tf.Variable(tf.zeros([hi_nodes,10]))
B = tf.Variable(tf.zeros([10]))
```

这定义输出层的权重数组为：W[300, 10]；而其偏移值（Bias）数组为：B[10]。命令如下：

```
layer_1 = tf.nn.relu(tf.matmul(X,hidden_W) + hidden_B)
```

计算出隐藏层各神经元的预测值。然后，继续输入命令：

```
z = tf.nn.softmax(tf.matmul(layer_1,W) + B)
```

计算出输出层各神经元的预测值。建立好模型后，命令如下：

```
print("--------- after 5000 iterations----------------")
loss = tf.reduce_mean(-tf.reduce_sum(T *
tf.log(z),reduction_indices = [1]))
train_step =
tf.train.GradientDescentOptimizer(0.05).minimize(loss)

for i in range(5000):
   batch_x,batch_t = mnist.train.next_batch(100)
   sess.run([train_step], feed_dict={X: batch_x, T: batch_t})
```

继续展开 5000 个回合的训练。其中，每一回合拿 100 张（图片）来训练这个模型（即调整其 W[] 和 B[] 值），持续进行 5000 个回合，而得出最新的权重：hidden_W[] 和 W[，以及最新的偏差 hidden_B[] 和 B[] 值。

最后，针对挑选的图片，依据最新的权重和偏移值，来进行估算，输出结果如图 14-4 所示。

可以看出来第 #7 输出神经元的预测值最高（即 0.992）。这意味着，改善后的 Perceptron 模型可以更加准确（比上一范例的单层 Perceptron 模型）地识别出这张图片代表 "7" 这个阿拉伯数字。

```
=== Ex14-04 ===
--------- after 5000 iterations ---------------
number: 7
z: 0.000    t: 0
z: 0.000    t: 0
z: 0.000    t: 0
z: 0.007    t: 0
z: 0.000    t: 0
z: 0.000    t: 0
z: 0.000    t: 0
z: 0.992    t: 1
z: 0.000    t: 0
z: 0.000    t: 0
>>>
>>>
```

图 14-4

14.4　改进 NN 模型：建立三层 Perceptron

上一小节的范例里，建立两层的 Perceptron 模型。现在，继续改进（优化）这个模型，建立三层的 Perceptron 模型，但仍然使用相同的图片数据库来训练这个新的模型，代码如下。

#Ex14-05

```python
import tensorflow as tf
import numpy as np
from tensorflow.examples.tutorials.mnist import input_data
mnist = input_data.read_data_sets("MNIST_data/",one_hot = True)

in_nodes = 784
h1_nodes = 256
h2_nodes = 256

x_train = mnist.train.images
t_train = mnist.train.labels
select_x, select_t = mnist.train.next_batch(1)

# hidden layer
h1_W = tf.Variable(tf.truncated_normal([in_nodes, h1_nodes],stddev
= 0.1))
    h1_B = tf.Variable(tf.zeros([h1_nodes]))
    h2_W = tf.Variable(tf.truncated_normal([h1_nodes, h1_nodes],stddev
= 0.1))
    h2_B = tf.Variable(tf.zeros([h2_nodes]))
```

```
# output layer
W = tf.Variable(tf.zeros([h2_nodes,10]))
B = tf.Variable(tf.zeros([10]))

X = tf.placeholder(tf.float32,[None,in_nodes])
T = tf.placeholder(tf.float32,[None,10])

layer_1 = tf.nn.relu(tf.matmul(X,h1_W) + h1_B)
layer_2 = tf.nn.relu(tf.matmul(layer_1,h2_W) + h2_B)
z = tf.nn.softmax(tf.matmul(layer_2,W) + B)

sess = tf.InteractiveSession()
init = tf.global_variables_initializer()
sess.run(init)

print("=== Ex14-05 ===")
print("--------- after 5000 iterations----------------")
loss = tf.reduce_mean(-tf.reduce_sum(T *
tf.log(z),reduction_indices = [1]))
    train_step = tf.train.GradientDescentOptimizer(0.05).
minimize(loss)

for i in range(5000):
    batch_x,batch_t = mnist.train.next_batch(100)
    sess.run([train_step], feed_dict={X: batch_x, T: batch_t})

print("number:", np.argmax(select_t))
predict = sess.run(z, feed_dict={X: select_x})
for i in range(10):
    print("z:", '%.3f'%predict[0, i], " t:", '%d'%select_t[0, i])
```

在这个程序里，建立一个三层的 Perceptron 模型（一种简单的 NN 模型），它比两层 Perceptron 模型更加复杂，但其学习能力会增强，也就是其具有更高的智能（更准确的识别能力）。命令如下：

```
in_nodes = 784
```

```
h1_nodes = 256
h2_nodes = 256
```

定义输入层含有 784 个神经元；第一隐藏层（h1）含有 256 个神经元；第二隐藏层（h2）也含有 256 个神经元；还有就是跟上一个范例一样，含有 10 个输出层神经元。命令如下：

```
layer_1 = tf.nn.relu(tf.matmul(X, h1_W) + h1_B)
```

该命令计算出第一隐藏层各神经元的预测值。接着，输入命令：

```
layer_2 = tf.nn.relu(tf.matmul(layer_1, h2_W) + h2_B)
```

该命令计算出第二隐藏层各神经元的预测值。接着，输入命令：

```
z = tf.nn.softmax(tf.matmul(layer_2, W) + B)
```

该命令计算出输出层各神经元的预测值。建立好模型后，展开 5000 个回合的训练。其中，每一回合拿 100 张（图片）来训练这个模型（即调整其 W[] 和 B[] 值），持续进行 5000 个回合，而得出最新的权重和偏移值。

最后，针对所挑选的图片，依据最新的权重和偏移值，来进行预测，输出结果如图 14-5 所示。

```
=== Ex14-05 ===
--------- after 5000 iterations----------------
number: 6
z: 0.000    t: 0
z: 0.000    t: 0
z: 0.001    t: 0
z: 0.000    t: 0
z: 0.001    t: 0
z: 0.000    t: 0
z: 0.998    t: 1
z: 0.000    t: 0
z: 0.000    t: 0
z: 0.000    t: 0
>>>
>>>
```

图 14-5

可以看出来第#6 个输出神经元的预测值最高（即 0.998）。这意味着，改善的 Perceptron 模型可以更加准确（比上一范例的单层 Perceptron 模型）地识别出这张图片代表 "6" 这个阿拉伯数字。

14.5　撰写一个MLP类

针对上一个范例程序（Ex14-05），将其代码封装成为一个 MLP 类。程序代码如下。

#Ex14-06

```
import tensorflow as tf
import numpy as np
from tensorflow.examples.tutorials.mnist import input_data

class MLP(object):
    def __init__(self, input_num, h1_num, h2_num, lr):
        self.mnist = input_data.read_data_sets("MNIST_data/",
one_hot = True)
        self.in_nodes = input_num
        self.h1_nodes = h1_num
        self.h2_nodes = h2_num
        self.lr = lr

    def training(self, iteration):
        select_x, select_t = self.mnist.train.next_batch(1)
        # hidden layer
        h1_W = tf.Variable(tf.truncated_normal([self.in_nodes,
self.h1_nodes],stddev = 0.1))
        h1_B = tf.Variable(tf.zeros([self.h1_nodes]))
        h2_W = tf.Variable(tf.truncated_normal([self.h1_nodes,
self.h1_nodes],stddev = 0.1))
        h2_B = tf.Variable(tf.zeros([self.h2_nodes]))

        # output layer
        W = tf.Variable(tf.zeros([self.h2_nodes,10]))
        B = tf.Variable(tf.zeros([10]))

        X = tf.placeholder(tf.float32,[None,self.in_nodes])
        T = tf.placeholder(tf.float32,[None,10])

        layer_1 = tf.nn.relu(tf.matmul(X,h1_W) + h1_B)
        layer_2 = tf.nn.relu(tf.matmul(layer_1,h2_W) + h2_B)
        z = tf.nn.softmax(tf.matmul(layer_2,W) + B)

        sess = tf.InteractiveSession()
        init = tf.global_variables_initializer()
        sess.run(init)
```

```
        print("===  Ex14-06  ===")
        print("------- after 5000 rounds --------------------")
        loss = tf.reduce_mean(-tf.reduce_sum(T * tf.log(z),
reduction_indices = [1]))
        train_step = tf.train.GradientDescentOptimizer(self.lr).
minimize(loss)

        for i in range(iteration):
            batch_x,batch_t = self.mnist.train.next_batch(100)
            sess.run([train_step], feed_dict={X: batch_x, T:
batch_t})

        print("number:", np.argmax(select_t))
        predict = sess.run(z, feed_dict={X: select_x})
        for i in range(10):
            print("z:", '%.3f'%predict[0, i], "  t:", '%d'%select_t
[0, i])

    #--------------------------------------------------
    p = MLP(784, 256, 256, 0.05)
    p.training(5000)
```

这个 MLP 类只定义__init__()构造函数，以及 training()函数。目的是将
TensorFlow 相关的命令都封装于 MLP 类里。于是，在类之外都不会用到
TensorFlow 的相关指令。输出的结果如图 14-6 所示。

```
=== Ex14-06 ===
------- after 5000 rounds --------------------
number: 2
z: 0.000    t: 0
z: 0.000    t: 0
z: 1.000    t: 1
z: 0.000    t: 0
z: 0.000    t: 0
z: 0.000    t: 0
z: 0.000    t: 0
z: 0.000    t: 0
z: 0.000    t: 0
z: 0.000    t: 0
>>>
>>>
```

图 14-6

以上各范例是基于 mnist 手写数字识别的数据集，来介绍 TensorFlow 应用
程序的写法。基于这些内容，用户能针对更复杂的应用情境，更多的训练数据，
来展现 TensorFlow 的强大功能。

第 15 章

如何导出 AI 模型

15.1　导出模型入门

通过前面的学习，用户已经熟悉如何建立 TensorFlow 的 AI 模型（如多层 Perceptron 模型），来模仿一只老鼠的学习，以及提升机器人的智能水平。接着在第 14 章里，也学习了 TensorFlow 里的 mnist 手写数字识别范例。过程如图 15-1 所示。

在本章里，讲解如何把训练好的模型（Model）加以存储，如图 15-2 所示。

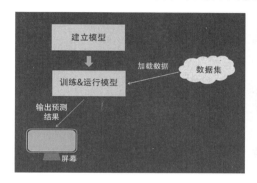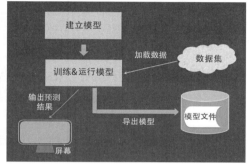

图 15-1　　　　　　　　　　　　　　　　图 15-2

以后需要时，直接从文件里加载这个模型即可，而不必再花费大量时间训练，如图 15-3 所示。

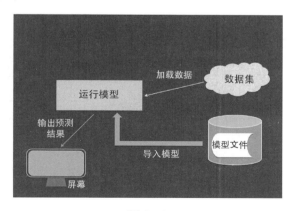

图 15-3

也可以把训练好的模型，提供给更多人来使用，从而节省时间，产生很大的效益。

15.2　机器人：像老鼠一样学习

在前面的章节里，老鼠当起了教练，拿它的经验记录数据，作为训练数据（Training Data）教导它的机器人朋友。

那时拿一个简单的数学式表示：

$$y = x1 \times w1 + x2 \times w2 + x3 \times w3 + x4 \times w4$$

其中，数组[x1、x2、x3、x4]代表一次探索的选择，而数组[w1, w2, w3, w4]代表机器人在思考期预测值时的权重。机器人经过这个数学公式，就能快速得出其预测值。

现在学习编写 Python/TensorFlow 程序表达上述的数学运算。

15.3　基于TensorFlow建立AI模型

这儿是基于 TensorFlow 来建立老鼠的学习（AI）模型，使用 TensorFlow 的损失函数，包括：误差平方和、均方误差等，然后设定损失最小的优化策略。程序代码如下。

#Ex15-01

```
import numpy as np
import tensorflow as tf

dx = np.array([[1, 0, 0, 0], [0, 1, 0, 0], [0, 0, 1, 0], [0, 0, 0,
1]], np.float32)
dt = np.array([0, 0, 1, 0], np.float32)
db = np.array([1], np.float32)

LEN, N = np.shape(dx)

class Perceptron(object):
    def __init__(self, dx, dt, db, lr):
        self.dx = dx
        self.dt = dt
        self.db = db
        self.lr = lr
```

```
    def training(self, iteration):
      vt = np.reshape(self.dt, [4,1])
      X = tf.placeholder(tf.float32, shape=[4, 4])
      T = tf.placeholder(tf.float32, shape=[4, 1])
      W = tf.Variable(tf.random_normal(shape=(4,1)))
      B = tf.Variable(self.db, tf.float32)

      z = tf.sigmoid( tf.add(tf.matmul(X, W), B) )
      loss = tf.reduce_sum(tf.square(T - z))
      train = tf.train.AdamOptimizer(learning_rate=self.lr).
minimize(loss)

      sess = tf.Session()
      init = tf.global_variables_initializer()
      sess.run(init)

      for k in range(iteration):
        sess.run(train, feed_dict={X: self.dx, T: vt})

      W = np.squeeze(sess.run(W))
      b = np.squeeze(sess.run(B))
      self.weights = W
      self.bias = b
      self.result = sess.run(z, feed_dict={X: self.dx})
  # --------------------------------------------
p =  Perceptron(dx, dt, db, 0.05)
p.training(1500)
print("----------------------------")
print(p.weights)

for row in range(LEN):
    print("z:", '%.3f'%p.result[row], ", t:", dt[row])
```

其中的命令：

```
    loss = tf.reduce_sum(tf.square(T - z))
```

用来定义损失函数：误差平方和。然后输入命令：

```
train = tf.train.AdamOptimizer(
        learning_rate=self.lr).minimize(loss)
```

该命令用来进行最小平方误差优化策略的训练。其设定学习率为：0.05，共训练 1500 次，然后输出相应的结果。

15.4　存入Checkpoint文件

训练好模型后，可以把模型结构及最新的权重值（Weight）、偏移值（Bias）等导出并记录下来，以便后续继续训练或使用。现在，来学习如何导出模型并存入*.ckpt 文件里，如图 15-4 所示。

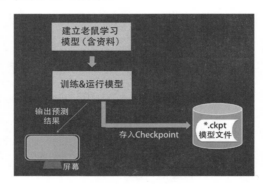

图 15-4

这儿，利用 TensorFlow 的 tf.train.saver.save()函数实现这个目标，代码如下。

#Ex15-02

```
import numpy as np
import tensorflow as tf

dx = np.array([[1, 0, 0, 0], [0, 1, 0, 0], [0, 0, 1, 0], [0, 0, 0,
1]], np.float32)
dt = np.array([0, 0, 1, 0], np.float32)
db = np.array([1], np.float32)
```

```
    LEN, N = np.shape(dx)

    class Perceptron(object):
        def __init__(self, dx, dt, db, lr):
            self.dx = dx
            self.dt = dt
            self.db = db
            self.lr = lr


        def training(self, iteration):
            vt = np.reshape(self.dt, [4,1])
            X = tf.placeholder(tf.float32, shape=[4, 4], name="X")
            T = tf.placeholder(tf.float32, shape=[4, 1])
            W = tf.Variable(tf.random_normal(shape=(4,1)), name="W")
            B = tf.Variable(self.db, tf.float32, name="B")

            z = tf.sigmoid(tf.matmul(X, W) + B, name="z")
            loss = tf.reduce_sum(tf.square(T - z))
            train = tf.train.AdamOptimizer(learning_rate=self.lr).
minimize(loss)

            sess = tf.Session()
            init = tf.global_variables_initializer()
            sess.run(init)

            for k in range(iteration):
                sess.run(train, feed_dict={X: self.dx, T: vt})

            W = np.squeeze(sess.run(W))
            b = np.squeeze(sess.run(B))

            self.weights = W
            self.bias = b
            self.result = sess.run(z, feed_dict={X: self.dx})
            #----------------------------------------
            saver = tf.train.Saver()
```

```
        save_path = saver.save(sess, "/tmp/model.ckpt")
        print("Model saved in path: %s" % save_path)


# ----------------------------------------------
p = Perceptron(dx, dt, db, 0.05)
p.training(1500)


print("---------------------------")
print(p.weights)


for row in range(LEN):
    print("z:", '%.3f'%p.result[row], ", t:", dt[row])
```

这里的 *.ckpt 文件，就是指"Checkpoint"文件。这意味着，在训练或应用过程中的某个时间点，将当下模型里的变量值（如 Weights 值）以二进制（Binary）的形式存入文件里，就称为"Checkpoint"文件（*.ckpt）。也就是说，它存储模型里的变量（Variable）、表达式（Operatopn）的名称及内容（即 Ttensor 数组数值）。命令如下：

```
X = tf.placeholder(tf.float32, shape=[4, 4], name="X")
#............
W = tf.Variable(tf.random_normal(shape=(4,1)), name="W")
B = tf.Variable(self.db, tf.float32, name="B")
#............
z = tf.sigmoid(tf.matmul(X, W) + B, name="z")
```

在模型里的变量定义里，输入一个名称，然后以这个名称存入相应的文件。此程序的结果如图 15-5 所示。

```
>>>
= RESTART: C:/Users/Queena/AppData/Local/Programs/Python/Python
Model saved in path: /tmp/model.ckpt
---------------------------
[-3.2964125 -3.3720806  6.535577  -3.2912998]
z: 0.008 , t: 0.0
z: 0.007 , t: 0.0
z: 0.993 , t: 1.0
z: 0.008 , t: 0.0
>>>
>>>
```

图 15-5

同时，也将模型的当下变量值存储到 *.ckpt 文件里。此时，可以在计算机的相应文件夹里看到"Checkpoint"文件，如图 15-6 所示。

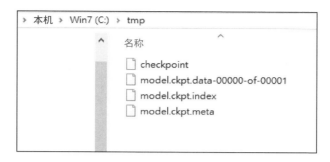

图 15-6

15.5　读取Checkpoint文件

现在来看如何读取"Checkpoint"文件的内容作为继续训练的起点，或拿来应用（如做预测），如图 15-7 所示。

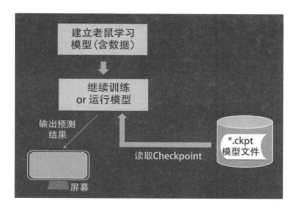

图 15-7

在上一个范例里，使用 TensorFlow 的 tf.train.saver.save() 函数，存储"Checkpoint"文件。现在，使用 tf.train.saver.restore() 函数来读取这个文件的内容，以便继续训练，或加以应用。程序代码如下。

#Ex15-03

```
import numpy as np
import tensorflow as tf


dx = np.array([[1, 0, 0, 0], [0, 1, 0, 0], [0, 0, 1, 0], [0, 0, 0,
```

```
1]], np.float32)
    dt = np.array([0, 0, 1, 0], np.float32)
    db = np.array([1], np.float32)


    LEN, N = np.shape(dx)


    class Perceptron(object):
        def __init__(self, dx, dt, db, lr):
            self.dx = dx
            self.dt = dt
            self.db = db
            self.lr = lr


        def predict(self):
          vt = np.reshape(self.dt, [4,1])
          X = tf.placeholder(tf.float32, shape=[4, 4], name="X")
          T = tf.placeholder(tf.float32, shape=[4, 1])
          W = tf.Variable(tf.random_normal(shape=(4,1)), name="W")
          B = tf.Variable(self.db, tf.float32, name="B")

          z = tf.sigmoid(tf.matmul(X, W) + B, name="z")
          #------------------------------------------------
          saver = tf.train.Saver()
          sess = tf.Session()
          saver.restore(sess, "/tmp/model.ckpt")
          #------------------------------------------------
          W = np.squeeze(sess.run(W))
          b = np.squeeze(sess.run(B))

          self.weights = W
          self.bias = b
          self.result = sess.run(z, feed_dict={X: self.dx})


    # ------------------------------------------------
    p = Perceptron(dx, dt, db, 0.05)
    p.predict()
```

```
print("-----------------------------")
print(p.weights)


for row in range(LEN):
    print("z:", '%.3f'%p.result[row], ", t:", dt[row])
```

这个程序中的 AI 模型（Perceptron 模型）与上一个程序的模型是相同的，只是把上一个程序里已经存入"Checkpoint"文件的模型变量值（已经训练好的）读取出来，这样就不必重新训练而直接应用，所以输出的结果与上一程序相同（估算结果），如图 15-8 所示。

```
>>>
 RESTART: C:/Users/Queena/AppData/Local/Programs/Python
-----------------------------
[-3.2964125 -3.3720806  6.535577  -3.2912998]
z: 0.008 , t: 0.0
z: 0.007 , t: 0.0
z: 0.993 , t: 1.0
z: 0.008 , t: 0.0
>>>
>>>
```

图 15-8

也就是说，是一样的模型，只是恢复模型的状态（如变量值）。

15.6　读取流图定义文件

在存入"Checkpoint"文件时，也会把模型（定义成为一个 Graph）存储到文件里。

其中的 model.ckpt.meta 文件就是模型图（Graph）定义文件。我们可以从这个文件里读取模型的定义，而不必在 Python 程序里重复定义。例如，范例代码如下。

#Ex15-04

```
import numpy as np
import tensorflow as tf


dx = np.array([[1, 0, 0, 0], [0, 1, 0, 0], [0, 0, 1, 0], [0, 0, 0,
1]], np.float32)
dt = np.array([0, 0, 1, 0], np.float32)
```

```
    db = np.array([1], np.float32)

    LEN, N = np.shape(dx)

    class Perceptron(object):
        def __init__(self, dx, dt, db, lr):
            self.dx = dx
            self.dt = dt
            self.db = db
            self.lr = lr

        def predict(self):
            vt = np.reshape(self.dt, [4,1])
            T = tf.placeholder(tf.float32, shape=[4, 1])

            sess = tf.Session()
            loader = tf.train.import_meta_graph("c:/tmp/model.
ckpt.meta")
            loader.restore(sess, "c:/tmp/model.ckpt")
            XP = sess.graph.get_tensor_by_name("X:0")
            op = sess.graph.get_operation_by_name("z").outputs[0]

            W = sess.graph.get_tensor_by_name("W:0")
            w = np.squeeze(sess.run(W))
            B = sess.graph.get_tensor_by_name("B:0")
            b = np.squeeze(sess.run(B))

            self.weights = w
            self.bias = b
            self.result = sess.run(op, feed_dict={XP: self.dx})

    # ------------------------------------------------
    p = Perceptron(dx, dt, db, 0.05)
    p.predict()

    print("----------------------------")
    print(p.weights)
```

```
for row in range(LEN):
    print("z:", '%.3f'%p.result[row], ", t:", dt[row])
```

在这个程序里，不再重复定义模型，而是从"model.ckpt.meta"文件里读取模型的定义。使用命令如下：

```
loader =
tf.train.import_meta_graph("c:/tmp/model.ckpt.meta")
```

此时就建立了模型。接着，从"model.ckpt"文件里读取变量的值，导入到模型的变量里，其命令如下：

```
loader.restore(sess, "c:/tmp/model.ckpt")
```

这个模型（含 Graph 定义及内容），与上一范例程序里的模型相同。接下来，命令如下：

```
XP = sess.graph.get_tensor_by_name("X:0")
```

从这个（刚才建立的）模型里，查询出名称为"X"的引数（Placeholder），并指定给 XP。接下来，命令如下：

```
op =
  sess.graph.get_operation_by_name("z").outputs[0]
```

从这个（刚才建立的）模型里，查询出名称为"z"的表达式（Operation），并指定给 op。接下来，命令如下：

```
self.result = sess.run(op, feed_dict={XP: self.dx})
```

就把 dx 数组的数据传给 XP 引数，并去执行 op 表达式，结果如图 15-9 所示。

```
>>>
= RESTART: C:\Users\Queena\AppData\Local\Programs\Python\Py
--------------------------------
[-3.2964125 -3.3720806  6.535577  -3.2912998]
z: 0.008 , t: 0.0
z: 0.007 , t: 0.0
z: 0.993 , t: 1.0
z: 0.008 , t: 0.0
>>>
>>>
```

图 15-9

此程序读取"model.ckpt.meta"文件，以及"model.ckpt"文件，并根据其恢复了模型，这模型与上一程序的模型相同，所以输出相同的预测值。

15.7 导出模型：写入.pb文件

上述范例仍然在 TensorFlow 的环境里，进行对 AI 模型的存储与复用。如果想进一步将训练好的 AI 模型（如多层 Perceptron 模型）移植到 Android 手机，或华硕 Zenbo 机器人上执行和应用，又该如何操作呢？

此时，除了刚才范例所展示的导出"Checkpoint"文件外，还要做一些补充，输出成为标准的*.pb 文件，如图 15-10 所示。

然后再依据目标平台（如 Target Platform）的特性而经过特定的转换或处理后，可以移植到目标平台或设备（如 Android 手机）上，让设备具有 AI 智能，如图 15-11 所示。

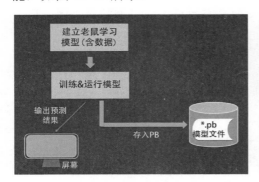

图 15-10

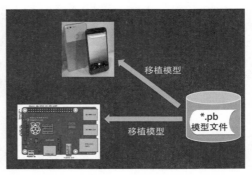

图 15-11

现在，来看看如何输出完整而标准的*.pb 文件，代码如下。

#Ex15-05

```
import numpy as np
import tensorflow as tf
from tensorflow.python.framework import graph_util

dx = np.array([[1, 0, 0, 0], [0, 1, 0, 0], [0, 0, 1, 0], [0, 0, 0,
1]], np.float32)
dt = np.array([0, 0, 1, 0], np.float32)
db = np.array([1], np.float32)

LEN, N = np.shape(dx)
```

```
class Perceptron(object):
    def __init__(self, dx, dt, db, lr):
        self.dx = dx
        self.dt = dt
        self.db = db
        self.lr = lr


    def training(self, iteration):
      vt = np.reshape(self.dt, [4,1])
      X = tf.placeholder(tf.float32, shape=[4, 4], name="X")
      T = tf.placeholder(tf.float32, shape=[4, 1])
      W = tf.Variable(tf.random_normal(shape=(4,1)), name="W")
      B = tf.Variable(self.db, tf.float32, name="B")

      z = tf.sigmoid(tf.matmul(X, W) + B, name="z")
      loss = tf.reduce_sum(tf.square(T - z))
      train = tf.train.AdamOptimizer(learning_rate=self.lr).
minimize(loss)

      sess = tf.Session()
      init = tf.global_variables_initializer()
      sess.run(init)

      for k in range(iteration):
         sess.run(train, feed_dict={X: self.dx, T: vt})
      #------------------------------------------------

      export_path = "c:/temp2/misoo01"
      builder =
   tf.saved_model.builder.SavedModelBuilder(export_path)

      inputs = {'input': tf.saved_model.utils.build_tensor_info(X)}
      outputs =
         {'predict': tf.saved_model.utils.build_tensor_info(z)}

   signature =
   tf.saved_model.signature_def_utils.build_signature_def(inputs,
```

```
outputs, 'misoo')
        builder.add_meta_graph_and_variables(sess, ['test_saved_
model'], {'test_signature': signature})
        builder.save()

        print("Model saved in path: %s" % export_path)

        #-------------------------------------
        W = np.squeeze(sess.run(W))
        b = np.squeeze(sess.run(B))

        self.weights = W
        self.bias = b
        self.result = sess.run(z, feed_dict={X: self.dx})

# ----------------------------------------------
p = Perceptron(dx, dt, db, 0.05)
p.training(1500)

print("-----------------------------")
print(p.weights)

for row in range(LEN):
    print("z:", '%.3f'%p.result[row], ", t:", dt[row])
```

首先，使用如下命令设定导出*pb 文件的所在路径。

```
export_path = "c:/temp2/misoo01"
```

接着，建立一个 builder 对象，代码如下。

```
        builder =
tf.saved_model.builder.SavedModelBuilder(export_path)
```

再叙述模型里的输入引数，以及输出表达式，代码如下：

```
    inputs = {'input': tf.saved_model.utils.build_tensor_info(X)}
    outputs =
        {'predict': tf.saved_model.utils.build_tensor_info(z)}
```

然后定义签章，代码如下：

```
signature =
tf.saved_model.signature_def_utils.build_signature_def(inputs,
outputs, 'misoo')
```

最后，把模型（Graph）定义和变量值，写入*.pb 文件里，代码如下：

```
builder.add_meta_graph_and_variables(sess, ['test_saved_model'],
{'test_signature': signature})
builder.save()
```

此程序一方面导出模型到*.pb 文件，然后将（存入文件的权重）变量值，以及预测值显示在屏幕上，如图 15-12 所示。

```
>>>
= RESTART: C:\Users\Queena\AppData\Local\Programs\Python\Pyth
Model saved in path: c:/temp2/misoo01
-------------------------------
[-2.9881177 -3.5310261  8.631193  -2.7484832]
z: 0.007 , t: 0.0
z: 0.004 , t: 0.0
z: 0.999 , t: 1.0
z: 0.008 , t: 0.0
>>>
>>>
```

图 15-12

此时，用户可以在计算机上看到*.pb 文件，如图 15-13 所示。

这*.pb 文件含有已经训练好的 AI 模型（如多层 Perceptron 模型），可以将它移植到 Android 手机或华硕 Zenbo 机器人上执行和应用。

图 15-13

15.8 导入模型，读取.pb文件

如果想看.pb 文件的内容，也可以编写 TensorFlow 程序把它读取出来，导入到 TensorFlow 环境里，让它运行查看结果，或进行一些预测。代码如下。

#Ex15-06

```
import numpy as np
import tensorflow as tf
from tensorflow.python.framework import graph_util

dx = np.array([[1, 0, 0, 0], [0, 1, 0, 0], [0, 0, 1, 0], [0, 0, 0,
1]], np.float32)
dt = np.array([0, 0, 1, 0], np.float32)
db = np.array([1], np.float32)

LEN, N = np.shape(dx)

class Perceptron(object):
    def __init__(self, dx, dt, db, lr):
        self.dx = dx
        self.dt = dt
        self.db = db
        self.lr = lr

    def training(self):
      signature_key = 'test_signature'
      input_key = 'input'
      output_key = 'predict'

      vt = np.reshape(self.dt, [4,1])
      T = tf.placeholder(tf.float32, shape=[4, 1])

      sess = tf.Session()

      path = "c:/temp2/misoo01"
```

```
        graph_def = tf.saved_model.loader.load(sess, ['test_saved_
model'], path)

        signature = graph_def.signature_def
        tensor_name_X =
signature[signature_key].inputs[input_key].name
        tensor_name_z =
signature[signature_key].outputs[output_key].name

        X = sess.graph.get_tensor_by_name(tensor_name_X)
        z = sess.graph.get_tensor_by_name(tensor_name_z)

        W = sess.graph.get_tensor_by_name("W:0")
        w = np.squeeze(sess.run(W))
        B = sess.graph.get_tensor_by_name("B:0")
        b = np.squeeze(sess.run(B))

        self.weights = w
        self.bias = b
        self.result = sess.run(z, feed_dict={X: self.dx})

    # -------------------------------------------------
    p = Perceptron(dx, dt, db, 0.05)
    p.training()

    print("-----------------------------")
    print(p.weights)

    for row in range(LEN):
        print("z:", '%.3f'%p.result[row], ", t:", dt[row])
```

命令如下:

```
    path = "c:/temp2/misoo01"
    graph_def =
        tf.saved_model.loader.load(sess, ['test_saved_model'], path)
```

该命令导入.pb 文件的内容，包含模型（图）的定义，以及变量值。于是，在 TensorFlow 环境里建立模型，这个模型（含 Graph 定义及内容）与上一范例程序里的模型一样。接着，用以下命令从这个（刚才建立的）模型里，查询出名称为“ X ”的引数（Placeholder)，并指定给 X。

```
X = sess.graph.get_tensor_by_name(tensor_name_X)
```

接下来，命令就从这个（刚才建立的）模型里，查询出名称为“z”的表达式（Operation)，并指定给 z。

```
z = sess.graph.get_tensor_by_name(tensor_name_z)
```

接下来，命令就把 dx 数组的数据传给 X 引数（Argument)，并去执行这个 z 表达式。

```
self.result = sess.run(z, feed_dict={X: self.dx})
```

输出的结果如图 15-14 所示。

```
>>>
>>>
= RESTART: C:\Users\Queena\AppData\Local\Programs\Python\Pyth
------------------------------
[-2.9881177 -3.5310261  8.631193  -2.7484832]
z: 0.007 , t: 0.0
z: 0.004 , t: 0.0
z: 0.999 , t: 1.0
z: 0.008 , t: 0.0
>>>
>>>
```

图 15-14

此程序导入（读取）*.pb 模型文件，并根据其来建立模型，这模型与上一程序的模型一样，所以输出相同的预测值。